AM START

Umschlagbild:
Foto/Cathay Pacific Boeing 747-400
Seite 1: Foto/Lufthansa A340-200

ISBN: 3–9805934–0–1

Ausgabe 1999/2000

D-85435 Erding
Gesamtherstellung: Athesiadruck, Bozen

Helmut Kreuzer

AM START

MODERNE VERKEHRSFLUGZEUGE & Business Jets

90 moderne Flugzeugtypen
des Weltluft- und Geschäftsreiseverkehrs
mit 100 Farbaufnahmen

AIR GALLERY EDITION

Flugzeuge International
gestern, heute und morgen

168 Seiten, 22,5 x 24 cm
200 Farb- und S/W-Fotos
ISBN 3-9802101-9-7

DM 48.-

Ein Bildband mit großen Farb- und S/W-Aufnahmen von interessanten Flugzeugen der letzten 50 Jahre sowie von Projekten für das nächste Jahrtausend.

Die Edition umfaßt z. B. die Flugzeuge der amerikanischen Präsidenten, den ersten Business Jet Lockheed JetStar, die modernen Hubschrauber von McDonnell Douglas sowie Eurocopter, das Top-Testflugzeug North American XB-70 und die Raumfähren der NASA.

Vorwort

Das zu Ende gehende Jahrtausend hat den meisten Fluggesellschaften der Welt noch einmal gute Profite beschert. Es gibt allerdings auch schon Anzeichen von einer Verlangsamung des Wachstums in der Weltluftfahrt-Branche, wie z. B. die Wirtschaftskrise in Asien, einer Region, in der man noch vor etwa drei Jahren die höchsten Zuwachsraten im Luftverkehr erwartete.
Mit der Star-Alliance entstand die erste weltweit operierende Allianz von fünf großen Fluggesellschaften aus Nord- und Südamerika und aus Asien sowie Europa. Die fünf partizipierenden Airlines bieten dem Fluggast ein weltweites Streckennetz mit einer Reihe von Vorteilen, wie z. B. einer Durchabfertigung über mehrere Sektoren, die Nutzung von Lounges und das Sammeln von Bonusmeilen. Diese Airline-Allianzen werden in den nächsten Jahren zum Standard im Weltluftverkehr gehören, denn sie bieten den Fluggästen und auch den Gesellschaften selber erhebliche Vorteile.
Bei den Produzenten von großen Verkehrsflugzeugen sind am Ende dieses Jahrtausends nur noch die beiden Konkurrenten Airbus Industrie und Boeing übriggeblieben. In der GUS ist eine nennenswerte Produktion von Verkehrsflugzeugen in den nächsten Jahren sehr unwahrscheinlich. Obwohl Airbus als auch Boeing die Marktherrschaft anstreben, werden die Fluggesellschaften sicher bei den Flugzeugbestellungen auf ein ausgewogenes Gleichgewicht zwischen beiden Herstellern achten, um einen günstigen Wettbewerb zu erhalten. Für beide Produzenten, Airbus als auch Boeing, geht das alte Millennium mit Rekordaufträgen zu Ende. Beide Produzenten bieten den Airlines in der oberen Kategorie ab 100 Passagiersitze für nahezu jede Streckenart ein geeignetes Muster an, wobei Muster im baugleichen Familien-Konzept, wie z. B. die Baureihe Airbus A318/A319/A320/A321 die Kapazität zwischen 100 bis 200 Passagiersitzen abdecken.
Bei den Regionalgesellschaften hält der Trend zu Jet-Mustern weiter an, mit einer deutlichen Abnahme der Verkaufszahlen bei den Turboprop-Mustern. Die wichtigsten Anbieter auf diesem Markt sind Bombardier aus Kanada mit der Baureihe Canadair Regional Jet und der brasilianische Produzent EMBRAER mit der Serie ERJ-135/ERJ-145. Der amerikanisch-deutsche Konzern Fairchild Dornier will ab 2001 mit einer neuen Serie von Regional-Jets auf den Markt kommen; das erste Modell soll der 728JET für 70 Passagiere werden.
Bei den Produzenten von Business Jets ist in Europa die französische Firma Dassault Aviation mit der erfolgreichen Serie Falcon übriggeblieben, in USA sind es die erfolgreichen Produzenten Cessna mit der Serie Citation, Gulfstream Aerospace mit der Serie Gulfstream und Raytheon. Bombardier aus Kanada vertreibt die Marken Challenger und Learjet.
Die Bandbreite der Muster reicht von den 4sitzigen Einsteigemodellen bis zu den 15sitzigen Mustern mit etwa 12.000 km Reichweite.
Von Dassault Aviation und von Gulfstream Aerospace werden die ersten Projekte für Überschall-Geschäftsreiseflugzeuge vorgestellt, die in etwa sechs bis acht Jahren Realität werden sollen, vorausgesetzt, daß sich für die teuren Jets Kunden finden und daß der Umweltschutz den Betrieb solcher Muster in größeren Zahlen zuläßt.

Ihr Herausgeber

AEROSPATIALE/BAe CONCORDE

International

Der schnittige Supersonic Liner Concorde ist seit über 20 Jahren das mit Abstand schnellste Verkehrsflugzeug der Welt. In puncto Geschwindigkeit sowie Reiseflughöhe, übertrifft die Concorde andere Jetliner um das Zweifache. Die Concorde hatte nur etwa zwei Jahre in der russischen Tupolew TU-144 eine Konkurrentin, denn letztere wurde bereits im Mai 1978 aus dem Linienverkehr gezogen. Die Entwicklung der Concorde begann vor über 30 Jahren als binationales Projekt mit jeweils 50% Entwicklungsanteil zwischen den beteiligten Luftfahrtfirmen aus Frankreich und Großbritannien. Bei der Entwicklung der Mach 2 schnellen und in etwa 20.000 m Höhe fliegenden Concorde mußten zahlreiche technische Neuerungen entworfen und intensiv erprobt werden, deswegen dauerte die Entwicklung bis zur Einsatzreife rund 10 Jahre. Mit der Flugerprobung wurde im März 1969 begonnen, und zu diesem Zeitpunkt lagen für die Concorde etwa 75 Bestelloptionen von nahezu allen führenden Fluggesellschaften vor. Nach der Ölkrise von 1973, mit erheblich gestiegenen Treibstoffpreisen, war die Concorde nicht mehr wirtschaftlich einsetzbar, und alle interessierten Airlines stornierten ihre Optionen auf das Muster. Lediglich die beiden staatlichen Fluggesellschaften der Partnerländer, Air France sowie British Airways wurden von den jeweiligen Regierungen aufgefordert je 8 Maschinen in den Verkehr zu stellen. Am 21. Januar 1976 kam der damals ungeliebte Luxusjet bei den betreffenden Airlines in den Liniendienst. Die Concorde kam auf Strecken nach Nord- und Südamerika, nach Mexiko und in den Mittleren sowie Fernen Osten zum Einsatz, seit etwa 10 Jahren bedient sie im Liniendienst nur die Routen zwischen Paris bzw. London nach New York. Die Kabine der Concorde hat eine bequeme Ausstattung mit 100 Sitzen, und das Flugzeug wird von einer exklusiven Kundschaft genutzt, die bereit ist, den überdurchschnittlichen Flugpreis zu zahlen. Die Concorde braucht für die Strecke zwischen London bzw. Paris und New York 3 Stunden und 45 Minuten Flugzeit. Neben dem Liniendienst wird die Concorde auch zahlreich für exklusive Charterflüge genutzt. Bis heute flogen weit über vier Millionen Fluggäste mit der Concorde, und beide Betreibergesellschaften sind stolz auf das zeitlos formschöne Verkehrsflugzeug.

Abmessungen und technische Daten:

Spannweite:	25,55 m	Rüstmasse:	79.300 kg
Länge:	62,20 m	max. Startmasse:	185.000 kg
Höhe:	11,47 m	max. Landemasse:	111.150 kg
Flügelfläche:	358,30 m²	max. Nutzmasse:	12.700 kg
Preis ca. Mill. US-$:	90,00/1976	Tankkapazität:	119.000 l

Reisegeschwindigkeit:	2.100 km/h
Landegeschwindigkeit:	290 km/h
Dienstgipfelhöhe:	19.800 m
Startstrecke über 15 m Höhe:	3.400 m
Einsatzreichweite mit max. Nutzmasse:	6.300 km
Reichweite mit vollen Tanks:	7.200 km
Treibstoffverbrauch im Reiseflug:	25.000 l/h

Triebwerkanlage:	4 Strahltriebwerke Rolls-Royce/Snecma Olympus 602 mit je 169,4 kN Standschub mit Nachbrenner	
Kategorie:	Verkehrsflugzeug für Langstrecken, Passagiere 100, Crew 3/3	
Hersteller:	Aerospatiale/Frankreich und BAe/Großbritannien	
Erstflug:	2. März 1969	Gebaute Maschinen: 20
Foto:	Air France/Concorde	

AIR FRANCE

AGUSTA/WESTLAND EH 101 HELILINER

International

European Helicopter Industries – EHI, ist eine internationale Joint-venture-Firma auf einer je 50%-Basis zwischen Agusta, Italien und Westland aus Großbritannien. EHI wurde im Juni 1980 gegründet, um die Entwicklung und das Marketing eines modernen Mehrzweckhubschraubers in der Klasse von knapp 15 t Startmasse zu verwirklichen. Agusta wurde 1908 gegründet, und seit etwa 40 Jahren baut das italienische Unternehmen ausschließlich Hubschrauber. Das britische Unternehmen Westland baut seit 1915 Flugzeuge, und die Hubschrauber zählen seit den 50er Jahren zur Produkt-Palette. Beide Partnerfirmen von EHI verfügen somit über 40 Jahre Erfahrung beim Bau von Hubschraubern, die in das Projekt EH 101 einfließen.
1984 war Programmstart für das Projekt EH 101, es wurde in drei Hauptvarianten für Einsätze bei der Marine, als Mehrzweckmuster und als Passagiermuster ausgelegt. Zwischen 1987 bis 1997 standen 9 Maschinen in einem intensiven Testprogramm. Die maritime Variante ist für die Bekämpfung von U-Booten ausgelegt, während die Mehrzweckvariante für den militärischen und zivilen Einsatz ausrüstbar ist. Die Polizei von Tokio war im Januar 1998 der erste Kunde dieser Variante, bei simulierten Rettungseinsätzen nahm dieser Hubschrauber bis zu 55 Personen an Bord. Für den Zubringereinsatz und hauptsächlich für den Verkehr zu den Ölbohrinseln auf See, entstand die Variante HELILINER, ausgerüstet mit 30 Passagiersitzen und einer vollen Stehhöhe in der 28 m³ großen Kabine. Das Zulassungsprogramm für den Heliliner wird 1998 beendet sein. Für den VIP-Einsatz bietet EHI eine komfortabel ausgerüstete Variante des EH 101 an, wobei die Zahl der Passagiersitze je nach Kundenwunsch zwischen 8 bis 12 liegt. Während das Interesse für die zivilen Varianten des EH 101 noch zurückhaltend ist, liegen für die militärischen Varianten knapp 100 feste Bestellungen vor, von den Streitkräften von Großbritannien, Italien und Kanada. Da Hubschrauber gegenüber konventionellen Flugzeugen generell erheblich teuer sind, wird sich der Markt für den etwa 20 Millionen US-$ teuren EH 101 auch nur auf etwa 50 Einheiten beschränken.

Abmessungen und technische Daten:

Gesamtlänge:	22,80 m	Rüstmasse:	9.300 kg
Rumpflänge:	19,50 m	max. Startmasse:	14.600 kg
Höhe:	6,70 m	max. Nutzmasse:	2.800 kg
Hauptrotordurchmesser:	18,60 m	Tankkapazität:	3.250 l
Hauptrotorfläche:	271,70 m²		

Höchstgeschwindigkeit:	309 km/h
Reisegeschwindigkeit:	275 km/h
Dienstgipfelhöhe:	4.575 m
Schwebehöhe ohne Bodeneffekt:	1.670 m
Schwebehöhe mit Bodeneffekt:	2.800 km
Reichweite mit voller Nutzmasse:	925 km
Treibstoffverbrauch im Reiseflug:	950 l/h

Triebwerkanlage:	3 Turbinen General Electric T700 oder RTM322-01 mit je 1.520 kW Startleistung	
Kategorie:	Passagier- und Mehrzweckhubschrauber, Passagiere 30, Crew 2/1	
Hersteller:	European Helicopter Industries, Großbritannien/Italien	
Erstflug:	9. Oktober 1987	Gebaute Maschinen: 2
Foto:	EHI/EH 101 Heliliner	

AIRBUS A300 **International**

Die A300 war das erste Großraumverkehrsflugzeug mit zwei Triebwerken, und gleichzeitig das erste Produkt von Airbus Industrie, heute nach Boeing, dem zweitgrößten Produzenten von Verkehrsflugzeugen. Im Dezember 1970 entstand auf Regierungsebene das binationale Luftfahrtskonsortium Airbus Industrie, an dem Luftfahrtfirmen der beiden Partnerländer Deutschland und Frankreich beteiligt waren. Ziel des neuen Konsortiums war es, mit der A300 einen neuen Twinjet für 250 bis 300 Passagiere zu entwickeln, zum Einsatz auf Mittelstrecken, und gleichzeitig durch eine europäische Kooperation der Dominanz der US-Luftfahrtsindustrie auf diesem Industriesektor zu begegnen.
Die Basisversion A300B2 kam im Mai 1974 bei Air France erstmals in den Liniendienst, sie hatte anfangs eine maximale Startmasse von 137 t und mit 250 Passagieren etwa 2500 km Reichweite. Es wurden 48 gebaut. Im Juni 1975 kam die verstärkte Variante A300B4 auf den Markt, ihre Startmasse stieg schrittweise auf 165 t, und die Reichweite mit 250 Passagieren liegt bei 5300 km. Mit 188 verkauften Maschinen ist sie die erfolgreichste A300-Variante überhaupt. Für den gemischten Passagier-/Frachteinsatz entstand 1979 die A300C4 und 1983 die A300F4 für den reinen Frachteinsatz, beide Muster konnten nur in drei Exemplaren verkauft werden. 1984 wurde die Produktion auf die neue Variante A300-600 umgestellt; sie beinhaltet zahlreiche aerodynamische und systembezogene Detailverbesserungen. Dazu zählen eine erhöhte Tankkapazität sowie ein Trimmtank im Leitwerk, moderne Bildschirmanzeigen im Cockpit und der Betrieb mit nur noch zwei Crew-Mitgliedern. 1988 folgte die Langstreckenversion A300-600R mit noch mehr Tankkapazität und 171,7 t maximale Startmasse, American Airlines kaufte davon 35 Maschinen. Von der A300-600C (Convertible) konnten nur 3 Einheiten verkauft werden. Erfolgreicher ist die reine Frachtversion A300-600F für 50 t Nutzmasse verteilt auf 36 Paletten; Federal Express aus USA kaufte davon 35 Einheiten. Gegenwärtig werden auch zahlreiche aus dem Passagierdienst gestellte A300B2/B4 in Frachtmaschinen umgerüstet; sie haben 43 t Nutzmasse bei etwa 4000 km Reichweite. Die A300-Serie wurde an etwa 45 Gesellschaften weltweit ausgeliefert.

Abmessungen und technische Daten: A300-600R

Spannweite:	44,84 m	Rüstmasse:	90.300 kg
Länge:	54,08 m	max. Startmasse:	171.700 kg
Höhe:	16,53 m	max. Landemasse:	140.000 kg
Flügelfläche:	260,00 m²	max. Nutzmasse:	35.000 kg
Preis ca. Mill. US-$:	85,00	Tankkapazität:	73.000 l

Reisegeschwindigkeit:	890 km/h
Landegeschwindigkeit:	255 km/h
Dienstgipfelhöhe:	12.500 m
Startstrecke über 15 m Höhe:	2.700 m
Einsatzreichweite mit max. Nutzmasse:	5.000 km
Reichweite mit vollen Tanks:	7.700 km
Treibstoffverbrauch im Reiseflug:	6.200 l/h

Triebwerkanlage:	2 Mantelstromtriebwerke General Electric CF6–80C2 oder andere mit je 275 kN Standschub
Kategorie:	Verkehrsflugzeug für Mittel- und Langstrecken, Passagiere 250–308, Crew 2/10
Hersteller:	Airbus Industrie International
Erstflug:	28. Oktober 1972 — Gebaute Maschinen: 470
Foto:	Airbus Industrie/A300–600R von China Northern

中國北方航空
CHINA NORTHERN
B-2315

AIRBUS A310

International

Nachdem Airbus Industrie mit der A300 der Einstieg in den Markt für große Verkehrsflugzeuge gelang, kündigte man im Juli 1978 die Entwicklung des nächsten Produktes an, der A310 mit einer Standardkapazität für 200 Passagiere. Die A310 ist im Prinzip eine verkleinerte Ausführung aus der A300, mit einer um 20% geringeren Passagierkapazität und einen um etwa 7 m gekürzten Rumpf. Technologisch ist die A310 gegenüber der A300 jedoch ein nahezu neues Flugzeug, denn ein großer Teil der Zelle sowie die Ausrüstung wurden modernisiert. Kernpunkt dieses Updates ist der ganz neu entwickelte Tragflügel der A310: Er verleiht dem Muster eine erheblich gesteigerte Wirtschaftlichkeit. Ferner verwendete man verstärkt nichtmetallisches Material für die Zelle der A310. Die A310 war das erste Muster von A.I. mit dem sogenannten Glas-Cockpit, also mit zahlreichen Bildschirmanzeigen, anstelle der vorher verwendeten mechanischen Anzeigen und mit einer Cockpit-Crew aus nur noch zwei Mitgliedern. Die Basisversion A310-200 kam im März 1983 bei den Gesellschaften Lufthansa und Swissair in den Liniendienst; sie hat 142 t maximale Startmasse und mit 220 Passagieren rund 6500 km Reichweite. Nach dem Bau von 85 Einheiten, stellte man 1986 die Produktion auf die verstärkte Variante A310-300 um. Die A310-300 zeichnet sich durch eine hohe Reichweite aus, je nach Tankkapazität zwischen 8100 und 9600 km, und sie wurde gegenüber der Basisversion weiter verbessert. Die Tragflächenspitzen bekamen erstmals die sogenannten Wing tip fences, in der Höhenfloße wurde ein Trimmtank eingebaut, mit dessen Hilfe man einen idealen Schwerpunkt im Reiseflug erzielt, und erstmals bei einem Verkehrsflugzeug hat die A310 mit einem ganz aus Verbundwerkstoff gefertigten Seitenleitwerk dieses Baumaterial für die tragende Zellenstruktur. Die A310-300 wurde von allen National-Airlines im deutschsprachigen Raum gekauft, auch von der ehemaligen Interflug, und von den meisten Chartergesellschaften in diesem Raum. Gegenwärtig werden zahlreich aus dem Passagierdienst gestellte A310-200 auf den reinen Frachtbetrieb umgerüstet, sie bieten dann eine Nutzmasse von 42 t auf 37 Paletten und etwa 4100 km Reichweite.

Abmessungen und technische Daten: A310-300

Spannweite:	43,90 m	Rüstmasse:	81.500 kg
Länge:	46,66 m	max. Startmasse:	164.000 kg
Höhe:	15,80 m	max. Landemasse:	124.000 kg
Flügelfläche:	219,00 m²	max. Nutzmasse:	27.000 kg
Preis ca. Mill. US-$:	77,00	Tankkapazität:	75.450 l

Reisegeschwindigkeit:	900 km/h
Landegeschwindigkeit:	250 km/h
Dienstgipfelhöhe:	12.500 m
Startstrecke über 15 m Höhe:	2.600 m
Einsatzreichweite mit max. Nutzmasse:	8.000 km
Reichweite mit vollen Tanks:	9.600 km
Treibstoffverbrauch im Reiseflug:	5.900 l/h

Triebwerkanlage:	2 Mantelstromtriebwerke Pratt & Whitney PW4059 oder CF6–80C2 mit je 250–264 kN Standschub	
Kategorie:	Verkehrsflugzeug für Langstrecken, Passagiere 200–260, Crew 2/8	
Hersteller:	Airbus Industrie International	
Erstflug:	8. Juli 1982	Gebaute Maschinen: 260
Foto:	Airbus Industrie/A310-300 von Aerolineas Argentinas	

AEROLINEAS ARGENTINAS

AIRBUS A318 — International

Auf der Luftfahrtmesse Farnborough International 98, gab Airbus Industrie erstmals das Projekt A318 bekannt. Die A318 zählt zu der Kategorie der 100-Sitzer, und sie löst das gescheiterte Projekt AE31X ab, das in einem Joint-venture zwischen Airbus Industrie und einigen asiatischen Firmen verwirklicht werden sollte. Der Programmstart für die A318 ist für Anfang 1999 geplant, wenn für das Muster genügend Festbestellungen vorliegen.
Die A318 wurde aus der A319 abgeleitet, sie unterscheidet sich von der größeren Schwestermaschine durch einen um 2,39 m gekürzten Rumpf, eine größere Auslaufkante des Seitenleitwerks, modifizierte Laderaumtüren und durch den Antrieb.
Für den Antrieb der A318 entwickelt Pratt & Whitney aus USA das neue Mantelstromtriebwerk PW6000, das für den Leistungsbereich von 85 bis 100 kN Standschub ausgelegt wird. Das PW6000 wird die strengsten Umweltauflagen erfüllen und wird ferner besonders geringe Betriebskosten aufweisen. In einer typischen Zwei-Klassen-Aufteilung wird die A318-Kabine 8/99 Sitze haben, bei einer einheitlichen Economy-Bestuhlung 117 Sitze mit 81 cm Sitzabstand. Bei einer maximalen Nutzmasse von 13 t wird die Basisversion der A318 eine Einsatzreichweite von 2780 km besitzen, die um 2,5 t schwerere Sondervariante 3700 km. Damit kann die Basisvariante mit 59 t maximaler Startmasse, z. B. von Frankfurt aus alle Flughäfen Europas nonstop erreichen, inklusive Kairo und Moskau. Wegen der hohen Baugleichheit zur übrigen A319/A320/A321-Familie, werden die Entwicklungskosten der A318 auf nur etwa 300 Millionen US-$ geschätzt. Nach dem Entwicklungsplan soll die A318 im Herbst 2001 mit der Flugerprobung beginnen, und ein Jahr später will man die Musterzulassung erreichen. Von Airbus Industrie wird der weltweite Bedarf für 100sitzige Jetliner in den nächsten 20 Jahren auf etwa 1000 Maschinen geschätzt, den sich die A318 mit den Konkurrenzmustern Boeing 717-200 und Boeing 737-600 teilen muß, wobei die Boeing 717-200 wegen der erheblich höheren Betriebskosten keine guten Absätze zu erwarten hat.
Ende 1998 besaß Airbus Industrie Flugzeugaufträge im Gesamtwert von etwa 75 Milliarden US-$, für die Auslieferung bis zum Jahr 2002.

Abmessungen und technische Daten:

Spannweite:	34,09 m	Rüstmasse:	39.000 kg
Länge:	31,45 m	max. Startmasse:	61.500 kg
Höhe:	11,76 m	max. Landemasse:	61.000 kg
Flügelfläche:	122,60 m²	max. Nutzmasse:	13.000 kg
Preis ca. Mill. US-$:	36,00	Tankkapazität:	26.700 l

Reisegeschwindigkeit:	900 km/h
Landegeschwindigkeit:	250 km/h
Dienstgipfelhöhe:	12.500 m
Startstrecke über 15 m Höhe:	2.000 m
Einsatzreichweite mit max. Nutzmasse:	3.700 km
Reichweite mit vollen Tanks:	6.000 km
Treibstoffverbrauch im Reiseflug:	2.400 l/h

Triebwerkanlage:	2 Mantelstromtriebwerke Pratt & Whitney PW6000 mit je 85–90 kN Standschub	
Kategorie:	Verkehrsflugzeug für Kurz- und Mittelstrecken, Passagiere 107–117, Crew 2/3	
Hersteller:	Airbus Industrie International	
Erstflug:	Ende 2001	Gebaute Maschinen: keine
Foto:	Airbus Industrie/Modell A318	

A318
A318
AIRBUS A318

AIRBUS A319

Die zweistrahlige A319 kam im Mai 1996 bei der Swissair in den Liniendienst und sie ist das kleinste Mitglied in der »singleaisle«-Familie von Airbus Industrie. Diese Baureihe besteht neben der A319 für 124 Passagiere, aus der A320 für 150 Passagiere und der A321 für 185 Passagiere. Alle drei Typen haben die gleiche Zelle, die gleichen Systeme und das gleiche Cockpit-Layout, sie unterscheiden sich lediglich durch die Rumpflänge und die Betriebsgewichte. Diese Kommonalität hat zahlreiche Vorteile für die Fluggesellschaften, die alle drei Typen oder nur zwei Typen in ihrer Flotte haben, u. a. bei der Wartung, der Ersatzteilhaltung und der Schulung des Boden- und Flugpersonals. Ferner können Piloten mit einem Typ-Rating alle drei Typ fliegen, was für die kurzfristige oder kapazitätsbedingte Einsatzplanung im täglichen Betrieb Vorteile bringt. Für den Antrieb der A319 werden zwei Triebwerkmarken angeboten, das CFM56-5A/5B oder IAE V2500-5A, beide mit einer Schubleistung von 98 bis 104 kN. Die A319 hat gegenwärtig eine maximale Startmasse von 68 t, in der Planung ist eine Variante mit 70,4 t und später mit 73,9 t. Seit 1997 wird die A319 unter der Typenbezeichnung A319CJ – Corporate Jet, auch als großer Business Jet angeboten.
Für diesen Zweck wird die Kabine der A319 komfortabel mit 10 bis 50 Sitzen ausgerüstet, ferner werden in den Laderäumen zusätzliche Tanks für eine Reichweite bis 11.500 km installiert. Die A319CJ wird ab 1999 lieferbar sein, zum Stückpreis von 35 Millionen US-$ aufwärts. Bis Ende 1998 erhielt die A319 etwa 250 Festbestellungen, von denen rund 100 ausgeliefert waren. Im Februar 1998 vergab die spanische Iberia einen Auftrag über 50 Einheiten der Baureihe A319/A320/A321, es ist der größte Einzelauftrag für Airbus Industrie von einem europäischen Kunden. Lufthansa übernahm am 18. Februar 1997 mit einer A319 das 1500. von Airbus Industrie ausgelieferte Flugzeug, die Gesellschaft hat bis dato 20 A319 fest bestellt.
Größter Kunde der A319 ist zur Zeit Air Canada mit 35 Maschinen, gefolgt von United Airlines mit 30 Maschinen. In einer Zweiklassen-Ausstattung bietet die A319 Platz für 124 Passagiere, im Charterverkehr können bis zu 142 Sitze eingebaut werden.

Abmessungen und technische Daten:

Spannweite:	34,09 m	Rüstmasse:	40.100 kg
Länge:	33,84 m	max. Startmasse:	70.400 kg
Höhe:	11,76 m	max. Landemasse:	61.000 kg
Flügelfläche:	122,60 m²	max. Nutzmasse:	13.000 kg
Preis ca. Mill. US-$:	45,00	Tankkapazität:	26.700 l

Reisegeschwindigkeit:	900 km/h
Landegeschwindigkeit:	250 km/h
Dienstgipfelhöhe:	12.500 m
Startstrecke über 15 m Höhe:	2.200 m
Einsatzreichweite mit max. Nutzmasse:	5.500 km
Reichweite mit vollen Tanks:	6.500 km
Treibstoffverbrauch im Reiseflug:	2.600 l/h

Triebwerkanlage:	2 Mantelstromtriebwerke CFM56–5B oder IAE V2500–A6 mit je 98–104 kN Standschub	
Kategorie:	Verkehrsflugzeug für Kurz-, Mittel- und Langstrecken, Passagiere 124–142, Crew 2/3	
Hersteller:	Airbus Industrie International	
Erstflug:	25. August 1995	Gebaute Maschinen: 100
Foto:	Swissair/A319	

AIRBUS A320 International

Mit über 600 im Einsatz befindlichen Maschinen, ist die A320 der Bestseller unter den zahlreichen Mustern der Marke Airbus. Bei seiner Indienststellung im April 1988, setzte die A320 neue, globale Standards in bezug auf Komfort, Technologie und Wirtschaftlichkeit. Die A320 hat als erster Passagierjet eine flyby-wire-Steuerung: Bei diesem fortschrittlichen Steuersystem werden die Steuerimpulse anstelle der herkömmlichen Steuerseile mittels elektrischer Signale auf die Ruderelemente übertragen. Die traditionellen Steuerräder wurden im Cockpit der A320 durch kleine Steuerknüppel ersetzt, ähnlich wie bei modernen Kampfflugzeugen. Ferner sind bis auf einige Notanzeigen, im Cockpit der A320 nur noch Bildschirmanzeigen vorhanden, die eine genaue und gewichtssparende Datenübertragung ermöglichen. Ein weiteres Novum bei der A320 ist die Kabinenbreite von 3,7 m, sie ist damit 19 cm breiter als bei dem Konkurrenzmuster Boeing 737, und sie bietet den größten Passagierkomfort in dieser Kategorie. Die Kabine der A320 ist 27,5 m lang; sie hat in einer typischen Zweiklassen-Auslegung Platz für 150 Passagiere, und mit einer einheitlichen Bestuhlung für den Chartereinsatz wird sie gewöhnlich mit 179 Sitzen ausgerüstet. Die Basisausführung der A320 begann den Betrieb mit einer maximalen Startmasse von 68 t und etwa 4200 km Reichweite, die gegenwärtig angebotene schwerste Ausführung hat 77 t Startmasse und etwa 7000 km Reichweite. In bezug auf Lärm- und Umweltschutz übertrifft die A320 zahlreiche Vorgaben. Zu den größten Abnehmern der A320 zählen die Leasinggesellschaft ILFC mit 74 Bestellungen, ferner Northwest Airlines sowie United Airlines aus den USA mit jeweils 70 Maschinen und America West mit 50 Einheiten. Die Zahl der Gesamtbestellungen für die A320 lag Ende 1998 bei etwa 900 Einheiten von rund 65 Gesellschaften aus der ganzen Welt und die Zahl wächst monatlich. Innerhalb von etwa 10 Jahren gingen für alle Muster der A319/A320/A321-Baureihe rund 1500 Bestellungen ein. Damit ist diese Baureihe der beste Profitmacher für Airbus Industrie geworden. Bis Ende 1998 flogen etwa 450 Millionen Passagiere mit den drei Flugzeugtypen, bei rund sieben Millionen Flugstunden.

Abmessungen und technische Daten:

Spannweite:	34,10 m	Rüstmasse:	42.900 kg
Länge:	37,57 m	max. Startmasse:	77.400 kg
Höhe:	11,76 m	max. Landemasse:	64.500 kg
Flügelfläche:	122,60 m²	max. Nutzmasse:	16.250 kg
Preis ca. Mill. US-$:	50,00	Tankkapazität:	26.760 l

Reisegeschwindigkeit:	900 km/h
Landegeschwindigkeit:	255 km/h
Dienstgipfelhöhe:	12.500 m
Startstrecke über 15 m Höhe:	2.600 m
Einsatzreichweite mit max. Nutzmasse:	5.500 km
Reichweite mit vollen Tanks:	7.000 km
Treibstoffverbrauch im Reiseflug:	2.700 l/h

Triebwerkanlage:	2 Mantelstromtriebwerke CFM56–5 oder IAE V2500–A5 mit je 110–119 kN Standschub	
Kategorie:	Verkehrsflugzeug für Mittel- und Langstrecken, Passagiere 150–179, Crew 2/5	
Hersteller:	Airbus Industrie International	
Erstflug:	22. Februar 1987	Gebaute Maschinen: 650
Foto:	Airbus Industrie/A320 von ACES Colombia	

aces Colombia

AIRBUS A321

Mit einer Standardkapazität für 185 Passagiere ist die A321 die größte Variante in der Familie der sogenannten Narrow-bodies von Airbus Industrie. Gegenüber der A320 hat die A321 einen um 6,9 m verlängerten Rumpf mit 40% mehr Ladevolumen, insgesamt 51,8 m³, ferner eine verstärkte Zelle und ein stärkeres Fahrwerk. Außerdem mußte auch die Triebwerkleistung auf je 138 kN gesteigert werden. Die 34,4 m lange Kabine der A321 hat z. B. bei Lufthansa eine Zweiklassen-Auslegung für 182 Passagiere, Finnair wird ihre A321 mit 188 Sitzen ausrüsten. Im Charter-Dienst werden bei der A321 maximal 212 Sitze eingebaut. Die Unterflurladeräume der A321 bieten Platz für 10 Container. Das Projekt A321 wurde im November 1989 von Airbus Industrie angekündigt, im März 1993 begann die Flugerprobung und am 27. Januar 1994 übernahm Lufthansa das Muster in den Liniendienst. Die von Lufthansa eingesetzte Basisausführung hat eine maximale Startmasse von 83 t und voll besetzt etwa 4100 km Einsatzreichweite. Im April 1997 kam bei der britischen Chartergesellschaft Airworld Aviation die auf 89 t Startmasse gesteigerte Ausführung erstmals zum Einsatz, sie bietet voll besetzt rund 5000 km Reichweite. Ab 1999 steht eine Variante der A321 mit 93 t Startmasse zur Verfügung, sie wird etwa 5600 km Reichweite bieten. Von der A321 wurden bis Ende 1998 etwa 100 Einheiten ausgeliefert und ebenso viel sind noch bestellt. Die Endmontage der Baureihe A319/A321 erfolgt in Hamburg, während alle anderen Airbus-Typen im südfranzösischen Toulouse komplettiert werden. Für die Endmontage entstand in Hamburg-Finkenwerder die 314 m lange Otto-Lilienthal-Halle, in der 11 A321 Platz finden. An der Produktion der A321 sind erstmals die neuen Partner-Firmen Alenia aus Italien sowie Kawasaki aus Japan beteiligt. 1997 war für Airbus Industrie das erfolgreichste Geschäftsjahr in der ganzen Firmengeschichte, es wurden 182 Flugzeuge zum Wert von 11,6 Milliarden US-$ ausgeliefert, und es gab 671 Bestellungen im Gesamtwert von rund 44 Milliarden US-$.

Abmessungen und technische Daten:

Spannweite:	34,10 m	Rüstmasse:	49.000 kg
Länge:	44,50 m	max. Startmasse:	89.000 kg
Höhe:	11,80 m	max. Landemasse:	75.500 kg
Flügelfläche:	122,60 m²	max. Nutzmasse:	20.500 kg
Preis ca. Mill. US-$:	56,00	Tankkapazität:	26.600 l

Reisegeschwindigkeit:	900 km/h
Landegeschwindigkeit:	260 km/h
Dienstgipfelhöhe:	12.500 m
Startstrecke über 15 m Höhe:	2.800 m
Einsatzreichweite mit max. Nutzmasse:	4.600 km
Reichweite mit vollen Tanks:	5.500 km
Treibstoffverbrauch im Reiseflug:	2.900 l/h

Triebwerkanlage:	2 Mantelstromtriebwerke CFM56–5B2 oder IAE V2533 mit je 138 kN Standschub	
Kategorie:	Verkehrsflugzeug für Mittelstrecken, Passagiere 185–212, Crew 2/9	
Hersteller:	Airbus Industrie International	
Erstflug:	11. März 1993	Gebaute Maschinen: 100
Foto:	Airbus Industrie/A321 von Asiana, Taiwan	

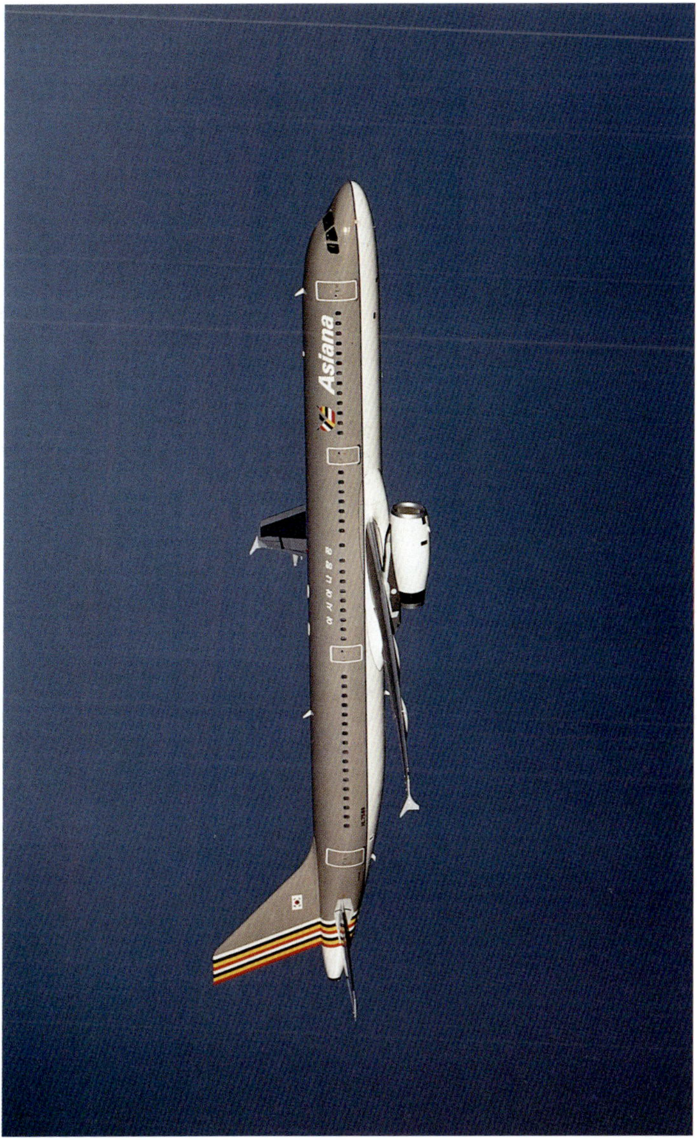

AIRBUS A330-200

Die Baureihe A330 besteht aus den Varianten A330-200 sowie A330-300, und es sind die größten zweistrahligen Muster von Airbus Industrie. Das Projekt A330-200 wurde im November 1995 von Airbus Industrie angekündigt, als eine gekürzte Variante aus der A330-300 für den Einsatz auf langen und ultralangen Strecken bis 11.800 km. Gegenüber der A330-300 hat die A330-200 einen um 5,30 m kürzeren Rumpf, eine allgemein verstärkte Zelle sowie Fahrwerk, und die Tankkapazität stieg von 98.000 l auf 140.000 l. In einer Dreiklassen-Auslegung bietet die 45 m lange Kabine der A330-200 Platz für 256 Passagiere, bei einer einheitlichen Bestuhlung können maximal 381 Sitze eingebaut werden. Die Unterflurladeräume haben ein Ladevolumen von 136 m^3 und bieten Platz für 26 LD3 Container. Für den Antrieb der A330-200 können die bekannten Triebwerktypen General Electric CF6–80El oder Pratt & Whitney PW4000 sowie das Rolls-Royce Trent 700 verwendet werden. Die Programmkosten bis zur Serienreife betrugen etwa 450 Millionen US-$ und das Zulassungsprogramm konnte nach 630 Flugstunden ohne nennenswerte Probleme im März 1998 abgeschlossen werden. Im April 1998 kam die erste A330-200 bei der kanadischen Chartergesellschaft Canada 3000 in den Passagiereinsatz. In Europa wurde die A330-200 von Austrian Airlines, Sabena und der Swissair bestellt. Bis Ende 1998 erhielt das Muster etwa 100 feste Bestellungen. Die A330-200 gilt als moderner Nachfolger der Boeing 767-300ER, und die Marktanalyse von Airbus Industrie schätzt den weltweiten Bedarf in den nächsten 20 Jahren auf etwa 500 Einheiten. An Airbus Industrie sind zu je 37,9% die Aerospatiale aus Frankreich sowie die Daimler-Benz Aerospace aus Deutschland beteiligt, ferner British Aerospace mit 20% sowie CASA aus Spanien mit 4,2%. Die belgische Firma Belairbus und Alenia aus Italien sind assozierte Mitglieder von Airbus Industrie. An der Produktion der Flugzeuge von Airbus Industrie sind in Europa etwa 32.000 Menschen beschäftigt, inklusive aller Zulieferfirmen. Ferner hat Airbus Industrie weltweit etwa eintausend Zulieferfirmen unter Vertrag, die weitere 70.000 Menschen beschäftigen.

Abmessungen und technische Daten:

Spannweite:	60,30 m	Rüstmasse:	120.500 kg
Länge:	59,00 m	max. Startmasse:	230.000 kg
Höhe:	17,89 m	max. Landemasse:	180.000 kg
Flügelfläche:	361,60 m^2	max. Nutzmasse:	36.000 kg
Preis ca. Mill. US-$:	117,00	Tankkapazität:	140.000 l

Reisegeschwindigkeit:	910 km/h
Landegeschwindigkeit:	260 km/h
Dienstgipfelhöhe:	12.500 m
Startstrecke über 15 m Höhe:	3.000 m
Einsatzreichweite mit max. Nutzmasse:	9.500 km
Reichweite mit vollen Tanks:	11.800 km
Treibstoffverbrauch im Reiseflug:	7.900 l/h

Triebwerkanlage:	2 Mantelstromtriebwerke CF6-80El/PW4000 oder R/R Trent 700 mit 305–316 kN Standschub	
Kategorie:	Verkehrsflugzeug für Langstrecken, Passagiere 256–381, Crew 2/10	
Hersteller:	Airbus Industrie International	
Erstflug:	13. August 1997	Gebaute Maschinen: 25
Foto:	Austrian Airlines/A330–200	

AIRBUS A330-300

Im Sommer 1987 gab Airbus Industrie den Programmstart für die großen Jetliner A330 und A340 als ein gemeinsames Projekt bekannt. Beide Varianten unterscheiden sich lediglich in der Anzahl und dem Typ der Triebwerke. Während die A340 für den Einsatz auf sehr langen Strecken optimiert ist und als vierstrahliger Jet ausgelegt wurde, ist die A330 ein zweistrahliges Modell für bis zu 412 Passagiere zum Einsatz auf Mittel- bis Langstrecken.
Das Tragflächendesign der Baureihe A330/A340 ist eine Meisterleistung von British Aerospace, denn zum ersten Mal bei einem großen Jet gelang die Auslegung eines Tragflügels, der mit nur geringen Änderungen, wahlweise mit zwei oder vier Triebwerken ausgerüstet werden kann.
British Aerospace ist für die Entwicklung und den Bau der Tragflächen für alle Muster von Airbus Industrie zuständig. Die rund 50 m lange Kabine der A330-300 bietet Platz für 335 Passagiere in einer Zweiklassen-Auslegung, oder für 412 Passagiere mit einer engen, einheitlichen Bestuhlung im Charterverkehr. Das Volumen der Unterflurladeräume beträgt 162 m^3, und sie bieten Platz für 32 Container des Typs LD3.
Die ehemalige französische Inlandgesellschaft Air Inter stellte am 17. Januar 1994 die erste A330-300 in den Liniendienst.
Im Sommer 1995 begann die LTU aus Deutschland mit dem Einsatz von fünf A330-300 auf ihren weltweiten Urlauberstrecken. Das Muster begann den Einsatz mit einer maximalen Startmasse von 212 t, gegenwärtige ausgelieferte Maschinen haben 217 t, und in der Zulassung befindet sich eine 230 t schwere Variante. Der typische Einsatzbereich sind Strecken von 4000 km bis 9000 km Länge, und die 230 t schwere A330-300 kann Strecken bis 10.500 km Länge bedienen. Bis Ende 1998 gingen für die A330-300 rund 200 Bestellungen ein, von denen etwa 75 ausgeliefert waren.
Für den Antrieb der A330-300 stehen den Käufern drei Triebwerkoptionen zur Verfügung, das General Electric GE90, das Pratt & Whitney PW4000 und das Rolls-Royce Trent 700, alle in der Schubklasse von etwa 300 kN.

Abmessungen und technische Daten:

Spannweite:	60,30 m	Rüstmasse:	120.700 kg
Länge:	63,60 m	max. Startmasse:	217.000 kg
Höhe:	16,70 m	max. Landemasse:	179.000 kg
Flügelfläche:	361,60 m^2	max. Nutzmasse:	45.900 kg
Preis ca. Mill. US-$:	105,00	Tankkapazität:	97.500 l

Reisegeschwindigkeit:	900 km/h
Landegeschwindigkeit:	260 km/h
Dienstgipfelhöhe:	12.500 m
Startstrecke über 15 m Höhe:	3.000 m
Einsatzreichweite mit max. Nutzmasse:	6.500 km
Reichweite mit vollen Tanks:	9.700 km
Treibstoffverbrauch im Reiseflug:	7.500 l/h

Triebwerkanlage:	2 Mantelstromtriebwerke GE90/PW4000 oder R/R Trent 700, alle mit je 300–317 kN Standschub	
Kategorie:	Verkehrsflugzeug für Mittel- und Langstrecken, Passagiere 335–412, Crew 2/10	
Hersteller:	Airbus Industrie International	
Erstflug:	1. November 1992	Gebaute Maschinen: 75
Foto:	Airbus Industrie/A330–300 von Aer Lingus, Irland	

Aer Lingus

AIRBUS A340-200/300

International

Die A340 ist das größte je in Europa entwickelte Flugzeug, und sie ist der Stolz von Airbus Industrie, nach Boeing dem wichtigsten Produzenten von großen Verkehrsflugzeugen. Das Prestigeobjekt der europäischen Luftfahrtindustrie wurde 1987 zusammen mit der A330 als ein gemeinsames Projekt angekündigt, und im Oktober 1991 begann die Flugerprobung. Gegenüber der A330–300, ist die A340 etwa 40 t schwerer, sie hat eine höhere Treibstoffkapazität für eine Reichweite bis 13.400 km, und der Antrieb besteht aus vier Turbofans CFM56–5C mit über 150 kN Standschub. Die A340 kam im März 1993 in zwei Varianten in den Liniendienst, und zwar die A340-200 für 260 Passagiere in einer Dreiklassen-Kabine und maximal 13.400 km Reichweite, und die A340-300 mit einem 4,3 m längeren Rumpf für 295 Passagiere sowie mit 11.500 km Reichweite. Bei Lufthansa hat die A340-200 eine Dreiklassen-Aufteilung mit 8/42/162 Sitzen, Austrian Airlines hat seine A340-200 mit einer Zweiklassen-Aufteilung mit 36/227 Sitzen ausgestattet. Wegen der langen Nonstop-Routen, hat die A340 im Unterflurbereich einen Ruheraum für die Crew. Die maximale Startmasse der A340 lag anfangs bei 251 t und sie wurde schrittweise auf 275 t angehoben. Das tausendste Flugzeug von Airbus Industrie war im März 1993 eine A340-300 für Air France, und die hundertste A340 wurde im April 1997 an Singapore Airlines ausgeliefert, es war eine 271 t schwere Variante A340-300E. Zur Demonstration ihrer Reichweitenkapazität flog im Sommer 1993 eine A340-200 mit nur einer Zwischenlandung rund um die Welt. Für die Baureihe A340-200/300 wurden etwa 250 Bestellungen aufgegeben, von denen Ende 1998 etwa 125 ausgeliefert waren. Zu den größten Abnehmern des Musters zählen die Leasinggesellschaft ILFC mit 19 Einheiten, ferner Lufthansa mit 18 Einheiten und Singapore Airlines mit 17 Einheiten.

Dank einer großen Baugleichheit der Cockpits zwischen den Mustern A319/A320/A321 und der A340, können die Crews zwischen diesen Mustern nach einer kurzen Umschulung auf allen Varianten eingesetzt werden.

Man nennt dieses System bei Airbus Industrie Cross Crew Qualification – CCQ.

Abmessungen und technische Daten: A340-300

Spannweite:	60,30 m	Rüstmasse:	129.800 kg
Länge:	63,70 m	max. Startmasse:	275.000 kg
Höhe:	16,80 m	max. Landemasse:	190.000 kg
Flügelfläche:	362,00 m²	max. Nutzmasse:	41.000 kg
Preis ca. Mill. US-$:	125,00	Tankkapazität:	148.700 l

Reisegeschwindigkeit:	880 km/h
Landegeschwindigkeit:	260 km/h
Dienstgipfelhöhe:	12.500 m
Startstrecke über 15 m Höhe:	3.400 m
Einsatzreichweite mit max. Nutzmasse:	12.000 km
Reichweite mit vollen Tanks:	13.500 km
Treibstoffverbrauch im Reiseflug:	8.200 l/h

Triebwerkanlage:	4 Mantelstromtriebwerke CFM56–5C4 mit je 151 kN Standschub	
Kategorie:	Verkehrsflugzeug für Langstrecken, Passagiere 295–420, Crew 2/10	
Hersteller:	Airbus Industrie International	
Erstflug:	25. Oktober 1991	Gebaute Maschinen: 125
Foto:	Airbus Industrie/A340–200 von Air China, Volksrepublik China	

AIRBUS A340-500/600

Im Dezember 1997 gab Airbus Industrie den Programmstart für die Baureihe A340-500/A340-600 bekannt, nachdem für das Projekt etwa 100 Kaufverpflichtungen von den Gesellschaften Air Canada, Egypt Air, EVA Air, Lufthansa, Virgin Atlantic sowie der Swissair eingegangen waren. Bis auf die EVA Air handelt es sich dabei um Stammkunden von Airbus Industrie, die bereits mehrere Modelle im Einsatz haben. Die notwendigen Investitionen für das bis heute ehrgeizigste Projekt von Airbus Industrie belaufen sich auf mindestens 3 Milliarden US-$. Mit den beiden neuen Varianten schafft Airbus Industrie erstmals eine ernsthafte Konkurrenz zu der bis heute konkurrenzlosen Boeing 747 und der Boeing 777-300. Die A340-500 und die A340-600 wurden auf der Basis der bewährten A340-200/300 Baureihe entwickelt, sie haben eine maximale Abflugmasse von 356 t und Platz für bis zu 378 Passagiere in einer komfortablen Dreiklassen-Kabine. Gegenüber der A340-300, hat die A340-500 einen um 1,6 m längeren Rumpf für 313 Passagiere und eine zur Zeit konkurrenzlose Einsatzreichweite von über 15.000 km. Die Variante A340-600 ist gegenüber der A340-300 um 9,1 m länger, bietet Platz für 378 Passagiere und hat etwa 13.500 km Reichweite. Bei einer Zweiklassen-Aufteilung könnte die etwa 60 m lange Kabine der A340-600 sogar 440 Passagiere aufnehmen. Neben einer generellen Verstärkung der Zelle haben die beiden neuen Varianten gegenüber der A340-200/300 eine um 20% größere Tragfläche, ein vergrößertes Leitwerk, ein verstärktes Fahrwerk mit zwei zusätzlichen Rädern an den Mittelfahrwerken, und für den Antrieb steht zur Zeit lediglich das Triebwerk Rolls-Royce Trent 500 mit etwa 250 kN Standschub zur Verfügung. Nach den jetzigen Programmplan soll der Erstflug der A340-500/600-Baureihe Ende des Jahres 2000 erfolgen, und mit der Indienststellung könnte man im Jahre 2002 beginnen. Lufthansa wird seine zehn bestellten A340-600 ab dem Jahr 2003 erhalten, sie werden mit 330 Sitzen ausgerüstet sein. Die britische Gesellschaft Virgin Atlantik wird einen Teil der Unterflurladeräume ihrer A340-600 mit Schlafkabinen, einer Bar, einem Kasino und einem Fitneßraum ausstatten.

Abmessungen und technische Daten: A340-600

Spannweite:	63,60 m	Rüstmasse:	177.000 kg
Länge:	75,30 m	max. Startmasse:	365.000 kg
Höhe:	17,80 m	max. Landemasse:	254.000 kg
Flügelfläche:	437,00 m²	max. Nutzmasse:	55.800 kg
Preis ca. Mill. US-$:	150,00	Tankkapazität:	195.600 l

Reisegeschwindigkeit:	890 km/h
Landegeschwindigkeit:	265 km/h
Dienstgipfelhöhe:	12.500 m
Startstrecke über 15 m Höhe:	3.300 m
Einsatzreichweite mit max. Nutzmasse:	12.500 km
Reichweite mit vollen Tanks:	14.000 km
Treibstoffverbrauch im Reiseflug:	10.000 l/h

Triebwerkanlage:	4 Mantelstromtriebwerke Rolls-Royce Trent 556 mit je 249 kN Standschub	
Kategorie:	Verkehrsflugzeug für Langstrecken, Passagiere 378–440, Crew 2/12	
Hersteller:	Airbus Industrie International	
Erstflug:	etwa 2000	Gebaute Maschinen: keine
Foto:	Airbus Industrie/A340–500 in den Farben von Singapore Airlines	

SINGAPORE AIRLINES

AIRBUS A3XX

International

Im Herbst 1994 stellte Airbus Industrie auf der Farnborough Air Show erstmals das Projekt A3XX vor. Unter dieser Projektbezeichnung entwickelt Airbus Industrie einen Jetliner der Superlative für den interkontinentalen Einsatz im nächsten Jahrtausend. Die Investitionen bis zur Serienreife dieses riesigen Flugzeuges werden auf acht bis zehn Milliarden US-$ geschätzt, und der Kaufpreis dürfte deutlich über 200 Millionen US-$ je Einheit betragen. Aus diesem Grund sucht man bei Airbus Industrie internationale Partner, die sich an dem Projekt A3XX beteiligen wollen, um das hohe Investitionsvolumen besser zu verteilen. In der Basisausführung soll die A3XX eine Kapazität für 550 Passagiere in einer Dreiklassen-Kabine aufweisen, bei einer Reichweite von etwa 14.500 km.
Spätere Ausführungen könnten eine Kapazität von 660 Passagieren aufweisen, oder bis zu 800 in einer Zweiklassen-Auslegung. Angeboten werden ferner eine Kombi-Variante sowie eine Variante für den reinen Frachteinsatz. Das Haupteinsatzgebiet der A3XX sollen die dicht beflogenen Routen über den Nordatlantik sowie über den Pazifik sein, dabei soll das Muster etwa 15% geringere Betriebskosten je Passagiersitz haben, als das gegenwärtig größte Verkehrsflugzeug Boeing 747-400.
Bei der Entwicklung der A3XX müssen zahlreiche technische Herausforderungen gemeistert werden, darunter die Druckbelüftung des mächtigen doppelstöckigen Rumpfes von 6,95 m Breite sowie 8,47 m Höhe, ferner das Design des Fahrwerkes für knapp 500 t Startmasse und der mächtige Tragflügel von 77 m Spannweite.
Auch die Flughafenanlagen müssen in den nächsten Jahren für den Betrieb der A3XX angepaßt werden, um eine Umkehrzeit zwischen den Flügen von 60 bis 90 Minuten zu gewährleisten. Ferner kommen bei der Betreuung von über 500 Passagieren auf das Boden- und Kabinenpersonal neue Herausforderungen hinzu. Für den Antrieb der A3XX stehen gegenwärtig die Turbofans Rolls-Royce Trent 900 und General Electric GP7000 in der Entwicklung, sie werden etwa 300 bis 320 kN Standschub bieten. Die Flugerprobung der A3XX soll ab etwa 2003 beginnen, und im Jahre 2005 sollen die ersten Einheiten einsatzreif sein.

Abmessungen und technische Daten:

Spannweite:	79,00 m	Rüstmasse:	240.000 kg
Länge:	77,00 m	max. Startmasse:	500.000 kg
Höhe:	23,00 m	max. Landemasse:	360.000 kg
Flügelfläche:	625,00 m²	max. Nutzmasse:	85.000 kg
Preis ca. Mill. US-$:	205,00	Tankkapazität:	300.000 l

Reisegeschwindigkeit:	900 km/h
Landegeschwindigkeit:	260 km/h
Dienstgipfelhöhe:	12.500 m
Startstrecke über 15 m Höhe:	3.400 m
Einsatzreichweite mit max. Nutzmasse:	9.000 km
Reichweite mit vollen Tanks:	15.500 km
Treibstoffverbrauch im Reiseflug:	16.000 l/h

Triebwerkanlage:	4 Mantelstromtriebwerke R/R Trent 900 oder General Electric/ Pratt & Whitney GP7200 mit je 320 kN Standschub	
Kategorie:	Verkehrsflugzeug für Langstrecken, Passagiere 550–800, Crew 2/20	
Hersteller:	Airbus Industrie International	
Erstflug:	2003	Gebaute Maschinen: keine
Foto:	Airbus Industrie/Modellfoto A3XX	

A3XX
A3XX

ANTONOW AN-38 — Ukraine

Das in Kiew (Ukraine) beheimatete Flugzeugwerk Antonow hat sich hauptsächlich auf den Bau von Transportflugzeugen spezialisiert. Daneben entstanden auch einige Muster für den Passagiereinsatz, der erfolgreichste Typ war die AN-24 für 50 Passagiere. Als Ersatz für das 10sitzige Mehrzweckflugzeug AN-2 versuchte man seit den 60er Jahren mehrere Nachfolgemuster zu schaffen, die aber die betagte AN-2 niemals richtig ersetzten.
Den Anfang machte 1958 die AN-14 mit zwei Kolbenmotoren, und ihr folgte die verlängerte Ausführung AN-14M mit zwei Propellerturbinen. Auf der Basis der An-14M entstand 1975 die AN-28 mit zwei Propellerturbinen Gluschenkow TD-10A mit je 715 kW Startleistung. 1980 war die AN-28 serienreif und wie bereits mit der AN-2, wurde auch die Produktion der AN-28 in das polnische Flugzeugwerk PZL in Mielec verlegt. Geplant war die Produktion von 1200 Einheiten, doch es wurde nur ein Zehntel davon ausgeliefert, weil das Muster mit technischen Unzulänglichkeiten zu kämpfen hatte. Unter der Typenbezeichnung M-27 Skytruck PT, vermarktet gegenwärtig PZL eine modernisierte Ausgabe der AN-28 mit zwei Propellerturbinen PT6A-65B mit je 809 kW Startleistung, eingerichtet für 18 Passagiere oder 2 t Fracht.
Auf der Basis der AN-28 entwickelte Antonow die verlängerte Variante AN-38 für 27 Passagiere oder 3,2 t Fracht. Der Rumpf der neuen Variante ist gegenüber der AN-28 um etwa 2,6 m verlängert, und für den Antrieb kann die amerikanische Propellerturbine Garrett TPE331-14GR oder die russische Marke Omsk TVD-20 verwendet werden, beide in der Leistungsklasse von je 1100 kW Startleistung. Die reine Frachtvariante AN-38K hat Platz für 4 Container des Typs LD3 bei 3,2 t Nutzmasse. Die Flugerprobung der An-38 begann im Sommer 1994, und ab 1997 kamen die ersten Exemplare zur Auslieferung.
Die AN-38 ist eine einfache Konstruktion mit einer Kabine ohne Druckausgleich sowie mit einfachen Betriebssystemen für den Einsatz in abgelegenen Gebieten. Sie ist im eigenen Land preisgünstig herstellbar, und darum als günstiges Muster für die zahlreichen Regionalgesellschaften in der GUS geeignet.

Abmessungen und technische Daten:

Spannweite:	22,06 m	Rüstmasse:	4.400 kg
Länge:	15,70 m	max. Startmasse:	8.900 kg
Höhe:	4,65 m	max. Landemasse:	8.600 kg
Flügelfläche:	39,70 m²	max. Nutzmasse:	2.300 kg
Preis ca. Mill. US-$:	k. A.	Tankkapazität:	1.960 l

Reisegeschwindigkeit:	375 km/h
Landegeschwindigkeit:	130 km/h
Dienstgipfelhöhe:	6.500 m
Startstrecke über 15 m Höhe:	500 m
Einsatzreichweite mit max. Nutzmasse:	650 km
Reichweite mit vollen Tanks:	1.300 km
Treibstoffverbrauch im Reiseflug:	370 l/h

Triebwerkanlage:	2 Propellerturbinen AlliedSignal TPE331–14GR mit je 1.120 kW Startleistung	
Kategorie:	Zubringerflugzeug für 27 Passagiere, Crew 2/1	
Hersteller:	Konstruktionsbüro Antonow, Werk Nowosibirsk, Russland	
Erstflug:	25. Juni 1994	Gebaute Maschinen: 10
Foto:	Antonow/Prototyp AN-38-100	

АНТОНОВ
38
3810001

ANTONOW AN-124 RUSLAN

Ukraine

Mit 405 t maximaler Flugmasse zählt die Antonow AN-124 Ruslan zu den schwersten Flugzeugen der Gegenwart. Auftraggeber für dieses Muster war 1975 die ehemalige sowjetische Luftwaffe, und die Leistungsdaten lauteten für einen strategischen Militärtransporter mit maximal 150 t Nutzmasse bei 3000 km Reichweite oder 100 t Nutzmasse bei 6500 km Reichweite. Bei etwas reduzierten Gewichten kann die AN-124 auch 1500 m lange Pisten nutzen, und das Fahrwerk mit insgesamt 24 Rädern erlaubt den Betrieb auf unbefestigten Pisten. Die Bauweise der AN-124 entspricht der klassischen Auslegung von Militärtransportern, mit einen oben am Rumpf angeordneten Tragflügel mit negativer V-Stellung, ferner einem voluminösen Rumpf für den Transport von großen Einzelfrachten oder Fahrzeugen und die Beladbarkeit über den Rumpfbug sowie das Rumpfheck.

Die druckbelüftete Kabine ist 36,5 m lang, 6,4 m breit und 4,4 m hoch, sie hat ein Gesamtvolumen von rund 1000 m^3. Der Kabinenboden kann auch so schwere Lasten wie einen Panzer aufnehmen, und für die Beladung über den Rumpfbug kann das Bugfahrwerk abgesenkt werden. Neben den bordeigenen Laderampen, hat die AN-124 an der Kabinendecke Vorrichtungen zur Bewegung der Frachten innerhalb des Flugzeuges.

Die Flugerprobung der AN-124 begann Ende 1982 und 1985 kam das Muster in die Serienfertigung für die Luftwaffe der Sowjetunion. Im Sommer 1985 war die AN-124 die Sensation auf der Paris Air Show, und im gleichen Jahr wurden mit dem Muster zahlreiche Weltrekorde aufgestellt, darunter eine Flughöhe von 10.750 m mit 171,2 t Nutzmasse. Die in ähnlicher Bauweise hergestellte amerikanische Schwestermaschine Lockheed C-5 Galaxy hat gegenüber der AN-124 Ruslan 380 t Startmasse und etwa 130 t maximale Nutzmasse. Die russischen Streitkräfte haben heute etwa 20 AN-124 im Einsatz, weitere 5 Maschinen kaufte die Aeroflot für den zivilen Frachteinsatz. Weitere 10 Einheiten sind im Besitz von Antonow oder bei den Gesellschaften wie z. B. der Wolga-Dnjepr, und sie können für weltweite Einsätze gemietet werden. Für den zivilen Betrieb ist die AN-124 für 150 t Nutzmasse zugelassen.

Abmessungen und technische Daten:

Spannweite:	73,30 m	Rüstmasse:	180.000 kg
Länge:	69,10 m	max. Startmasse:	405.000 kg
Höhe:	20,78 m	max. Landemasse:	375.000 kg
Flügelfläche:	630,00 m^2	max. Nutzmasse:	150.000 kg
Preis ca. Mill. US-$:	100,00	Tankkapazität:	250.000 l

Reisegeschwindigkeit:	850 km/h
Landegeschwindigkeit:	220 km/h
Dienstgipfelhöhe:	10.500 m
Startstrecke über 15 m Höhe:	3.000 m
Einsatzreichweite mit max. Nutzmasse:	4.500 km
Reichweite mit vollen Tanks:	16.000 km
Treibstoffverbrauch im Reiseflug:	14.500 l/h

Triebwerkanlage:	4 Mantelstromtriebwerke Lotarew/Progress D-18T mit je 232 kN Standschub	
Kategorie:	Frachtflugzeug für Langstrecken, 150 t Nutzmasse, Crew 5–8	
Hersteller:	Konstruktionsbüro Antonow, Werk Uljanowsk, Russland	
Erstflug:	26. Dezember 1982	Gebaute Maschinen: ca. 50
Foto:	BUCHair/AN-124 Ruslan	

RA-82077
АН-124-100

ANTONOW AN-140 **Ukraine**

Das neueste Verkehrsflugzeug aus den Staaten der GUS ist das 52sitzige Muster Antonow AN-140. Seine Entwicklung begann Anfang der 90er Jahre als logischer Nachfolger der Baureihe AN-24 von der etwa 1200 Einheiten produziert und in rund 20 Länder exportiert wurden. Heute dürften in den Staaten der GUS noch etwa 500 bis 600 AN-24 im Einsatz stehen, und das Muster mit seinen durstigen Triebwerken und einer 5köpfigen Cockpit-Crew braucht dringend einen modernen Nachfolger. Wegen der schlechten wirtschaftlichen Lage in den Ländern der GUS, mit einem chronischen Geldmangel für die technische Innovation, ließ auch das Projekt AN-140 weit hinter dem Planungsziel. Die Fertigung der drei benötigten Prototypen der AN-140 dauerte über drei Jahre, und mit der Flugerprobung der ersten Einheit konnte erst im September 1997 begonnen werden.

1998 sollen alle drei Prototypen im Testprogramm stehen, und die Musterzulassung der AN-140 dürfte nach den jetzigen Möglichkeiten des Werkes Antonow nicht vor dem Jahr 2000 erfolgen. Erstkunde der AN-140 wird die nationale Fluggesellschaft Air Ukraine sein, die 20 Maschinen fest bestellte.

Die Produktion der AN-140 wird im Werk Charkow erfolgen und später im Werk Samara. Der Iran bekundete Interesse an der Linzenzproduktion der AN-140 durch die Firma MESA in Isfahan, wobei anfangs an eine Endmontage aus gelieferten Teilen gedacht wird, während zu einem späteren Termin eine eigenständige Fertigung der AN-140 in Isfahan erfolgen soll. Der Iran hat für militärische Zwecke bereits mehrere Flugzeuge aus der Ukraine gekauft, und er ist an einem Know-how im modernen Flugzeugbau interessiert.

Die AN-140 hat in der russischen Iljuschin IL-114 einen direkten Konkurrenten, aber bei einer steigenden Nachfrage nach modernen Mustern in dieser Kategorie, dürfte der Markt in der GUS in den nächsten 20 Jahren mindestens 1000 Einheiten von diesen Mustern benötigen. Ferner wird man die AN-140 auch für Mehrzweckeinsätze anbieten, z. B. für den Frachteinsatz oder für militärische Aufgaben.

Abmessungen und technische Daten:

Spannweite:	24,25 m	Rüstmasse:	k. A.
Länge:	22,46 m	max. Startmasse:	ca. 22.000 kg
Höhe:	8,04 m	max. Landemasse:	k. A.
Flügelfläche:	55,00 m²	max. Nutzmasse:	6.000 kg
Preis ca. Mill. US-$:	k. A.	Tankkapazität:	5.800 l

Reisegeschwindigkeit:	575 km/h
Landegeschwindigkeit:	190 km/h
Dienstgipfelhöhe:	7.200 m
Startstrecke über 15 m Höhe:	1.300 m
Einsatzreichweite mit max. Nutzmasse:	900 km
Reichweite mit vollen Tanks:	3.700 km
Treibstoffverbrauch im Reiseflug:	750 l/h

Triebwerkanlage:	2 Propellerturbinen Isotow AN-38 mit je 1.838 kW Startleistung	
Kategorie:	Verkehrsflugzeug für Regionalstrecken, Passagiere 52, Crew 2/1	
Hersteller:	Flugzeugwerk Antonow, Werk Charkow, Ukraine	
Erstflug:	18. September 1997	Gebaute Maschinen: 3
Foto:	Antonow/Prototyp AN-140	

1981 entstand das binationale europäische Luftfahrtkonsortium ATR – Avions de Transport Regional zwischen den Partnerfirmen Aerospatiale aus Frankreich und Aeritalia aus Italien. Ziel von ATR war die gemeinsame Entwicklung, der Bau und das Marketing eines modernen Zubringerflugzeuges in der Kategorie von 42 bis 46 Passagiersitzen. Beide Partnerfirmen von ATR sind mit je 50% an dem Konsortium beteiligt, und der Firmensitz ist in Toulouse in Südfrankreich. Das zu entwickelnde Zubringerflugzeug bekam die Typenbezeichnung ATR 42, Aeritalia (heute Alenia) ist bei dem Projekt für den Bau des Rumpfes sowie des Leitwerks zuständig, während Aerospatiale die restlichen Bauteile fertigt und die Endmontage sowie das Einfliegen übernimmt.
Bereits im Sommer 1984 konnte der Prototyp der ATR 42 die Flugerprobung beginnen, die ohne nennenswerte Probleme verlief. Im Dezember 1985 stellte die französische Regionalgesellschaft Air Littoral die erste ATR 42 in den Passagierdienst. Die Basisversion ATR 42-200 hat eine maximale Startmasse von 15,6 t und mit 42 Passagieren rund 1300 km Reichweite. Es folgte die Variante ATR 42-300 mit 16,7 t maximaler Startmasse und stärkeren Propellerturbinen. Die Varianten ATR 42-320 und ATR 42-320A haben 17,4 t maximale Startmasse und je 1490 kW Startleistung je Triebwerk. Im August 1995 begann die Auslieferung der fortschrittlichsten Variante ATR 42-500, ausgestattet mit noch mehr Triebwerkleistung und zahlreichen internen Detailverbesserungen wie z. B. einer neu gestalteten Passagierkabine und einer besseren Schalldämmung. Extern ist die ATR 42-500 von den Vorgängervarianten an den geräuscharmen Luftschrauben mit sechs Blättern zu unterscheiden, während die anderen Varianten Vier-Blatt-Luftschrauben haben. Die Zahl der Bestellungen für die ATR 42 liegt bei etwa 350 Einheiten, von denen etwa 330 bereits ausgeliefert sind. Im September 1997 erhielt Air Mauritius mit einer ATR 42-500 das 500. Exemplar aus der Baureihe ATR 42/72. Die erfolgreiche Baureihe steht bei 95 Gesellschaften auf der ganzen Welt im Einsatz, im deutschsprachigen Raum hat die Regionalgesellschaft Eurowings 17 Einheiten in der Flotte.

Abmessungen und technische Daten: ATR 42-500

Spannweite:	24,57 m	Rüstmasse:	11.250 kg
Länge:	22,67 m	max. Startmasse:	18.600 kg
Höhe:	7,60 m	max. Landemasse:	18.300 kg
Flügelfläche:	54,50 m²	max. Nutzmasse:	5.400 kg
Preis ca. Mill. US-$:	13,0	Tankkapazität:	5.625 l

Reisegeschwindigkeit:	560 km/h
Landegeschwindigkeit:	195 km/h
Dienstgipfelhöhe:	8.800 m
Startstrecke über 15 m Höhe:	1.200 m
Einsatzreichweite mit max. Nutzmasse:	1.600 km
Reichweite mit vollen Tanks:	3.900 km
Treibstoffverbrauch im Reiseflug:	770 l/h

Triebwerkanlage:	2 Propellerturbinen Pratt & Whitney Canada PW127E mit je 1.612 kW Startleistung	
Kategorie:	Verkehrsflugzeug für Regionalstrecken, Passagiere 46–50, Crew 2/1	
Hersteller:	Avions de Transport Regional, Frankreich/Italien	
Erstflug:	16. August 1984	Gebaute Maschinen: 330
Foto:	ATR/ATR 42–500 von L.A.A.C.A. aus Venezuela	

YV-951C

ATR 72

Die erfolgreiche ATR 42 wurde bereits beim Entwurf so konzipiert, daß aus ihr je nach Marktnachfrage auch größere Varianten entwickelbar sind. Schon vor der Indienststellung der ATR 42, ergaben die Marktanalysen von ATR den Bedarf eines größeren Musters für etwa 70 Passagiere. Aus diesem Grund kündigte ATR im Sommer 1985 den Bau der vergrößerten Variante ATR 72 an, die je nach Ausstattung 66 bis 72 Passagiere befördern kann. Gegenüber der kleineren Schwestermaschine ATR 42, hat die ATR 72 einen um 4,5 m verlängerten Rumpf, eine um 2,5 m größere Spannweite des Tragflügels und eine erheblich verstärkte Zelle für anfangs 21,5 t maximale Startmasse.
Der Antrieb der ATR 72 besteht aus der fortschrittlichen Turboprop-Serie PW127 von Pratt & Whitney Canada, die je nach Variante 1600 bis 2050 kW Startleistung besitzt. Die Basisversion ATR 72-200 begann im November 1989 bei der finnischen Regionalgesellschaft KarAir den Passagiereinsatz. Das gestiegene Passagieraufkommen auf den Regionalstrecken bescherte der ATR 72 einen guten Absatz, bis Ende 1998 kamen rund 200 Einheiten in den Einsatz und weitere 50 stehen noch in den Auftragsbüchern. Dabei nutzen zahlreiche Gesellschaften das baugleiche Konzept beider Varianten für einen wirtschaftlichen Betrieb in der Kategorie von 42 bis 72 Passagiersitzen.
Der Basisversion folgte im Dezember 1992 die verstärkte Ausführung ATR 72-210, ihre Triebwerke haben eine höhere thermische Belastung für den Einsatz auf hochgelegenen Flugplätzen oder für den Betrieb in extrem warmen Regionen. Ferner besitzt diese Variante eine Zulassung nach ETOPS für 120 Minuten, das bedeutet, daß das Muster Strecken bedienen kann, wo nach einem Triebwerkausfall der nächste Ausweichflughafen 120 Flugminuten entfernt liegt. Die gegenwärtig fortschrittlichste Variante ist die seit dem Sommer 1996 erhältliche ATR 72-500, sie beinhaltet die Verbesserungen von der ATR 42-500, u. a. einen besseren Lärmschutz in der Passagierkabine und die geräuscharmen Propeller mit 6 Blättern. Der gegenwärtige Trend nach Jet-Mustern für die Regionalstrecken, ließ die Nachfrage nach den Mustern von ATR etwas zurückgehen.

Abmessungen und technische Daten: ATR 72-500

Spannweite:	27,05 m	Rüstmasse:	13.750 kg
Länge:	27,17 m	max. Startmasse:	22.500 kg
Höhe:	7,65 m	max. Landemasse:	22.350 kg
Flügelfläche:	61,00 m²	max. Nutzmasse:	7.250 kg
Preis ca. Mill. US-$:	18,00	Tankkapazität:	6.250 l

Reisegeschwindigkeit:	515 km/h
Landegeschwindigkeit:	200 km/h
Dienstgipfelhöhe:	8.000 m
Startstrecke über 15 m Höhe:	1.450 m
Einsatzreichweite mit max. Nutzmasse:	1.300 km
Reichweite mit vollen Tanks:	3.300 km
Treibstoffverbrauch im Reiseflug:	800 l/h

Triebwerkanlage:	2 Propellerturbinen PW127 mit je 1.847 kW Startleistung	
Kategorie:	Verkehrsflugzeug für Regionalstrecken, Passagiere 66–72, Crew 2/2	
Hersteller:	siehe ATR 42	
Erstflug:	27. Oktober 1988	Gebaute Maschinen: 200
Foto:	ATR/ATR 72–500 von China Xinjiang Airlines	

CHINA XINJIANG AIRLINES
B-3022

BAe/JETSTREAM 41

Großbritannien

Auf der Basis der erfolgreichen Jetstream 31 entstand Ende der 80er Jahre die 30sitzige Ausführung Jetstream 41. Die Jetstream 31, ausgestattet für 18 bis 19 Passagiere, brachte es auf 378 verkaufte Einheiten, doch Ende der 80er Jahre gab es kaum noch eine Nachfrage nach Mustern in dieser Kategorie. Mit dem Nachfolgemuster Jetstream 41 schuf die Jetstream Aircraft Ltd. in Prestwick ein vergrößertes und konstruktiv verbessertes Nachfolgemodell für 29 bis 30 Passagiere zum Einsatz in der unteren Kategorie der Zubringerflugzeuge. Neben einer generellen Vergrößerung der Abmessungen gegenüber der Jetstream 31, beinhalten die Detailverbesserungen der neuen Variante u. a. die Verlegung der Tragfläche unter den Rumpf, das Seitenleitwerk wurde neu gestaltet, unter dem Rumpfheck wurde eine zusätzliche Luftleitfläche angebracht, und die Cockpitfenster sind erheblich vergrößert. Ferner sind die Triebwerkgondel vergrößert worden, damit sie das Hauptfahrwerk nach dem Einfahren aufnehmen können. Für den Antrieb der Jetstream 41 wählte man die Propellerturbinen AlliedSignal/Garrett TPE331-14GR/HR mit je 1215 kW Startleistung, ausgestattet mit geräuscharmen 5-Blatt-Luftschrauben. An dem Bau der Jetstream 41 beteiligten sich auch die Firmen Pilatus aus der Schweiz und Gulfstream Aerospace aus den USA. Letztere baut den ganzen Tragflügel. Die Jetstream 41 kam im November 1992 bei den britischen Regionalgesellschaften Loganair und Manx Airlines erstmals in den Zubringerdienst.

Den größten Absatz erzielte das Muster in den USA, die Gesellschaft TW Express hat mit 60 Maschinen die größte Flotte von diesem Typ. Die Zahl der Festbestellungen stagnierte bei etwa 100 Maschinen, darum gab BAe 1997 bekannt, die Produktion der Jetstream 41 nach dem Bau von 105 Maschinen voraussichtlich 1998 ganz einzustellen. Damit endet in Großbritannien der Bau von Zubringerflugzeugen mit Propellerantrieb.

Abmessungen und technische Daten:

Spannweite:	18,29 m	Rüstmasse:	6.500 kg
Länge:	19,25 m	max. Startmasse:	11.387 kg
Höhe:	5,74 m	max. Landemasse:	10.570 kg
Flügelfläche:	32,57 m²	max. Nutzmasse:	3.300 kg
Preis ca. Mill. US-$:	8,00	Tankkapazität:	3.300 l

Reisegeschwindigkeit:	545 km/h
Landegeschwindigkeit:	190 km/h
Dienstgipfelhöhe:	8.000 m
Startstrecke über 15 m Höhe:	1.300 m
Einsatzreichweite mit max. Nutzmasse:	1.300 km
Reichweite mit vollen Tanks:	3.200 km
Treibstoffverbrauch im Reiseflug:	530 l/h

Triebwerkanlage:	2 Propellerturbinen AlliedSignal/Garrett TPE331-14GR/HR mit je 1.215 kW Startleistung
Kategorie:	Zubringerflugzeug für 29–30 Passagiere, Crew 2/1
Hersteller:	BAe/Jetstream Aircraft Ltd., Prestwick, Großbritannien
Erstflug:	25. September 1991 — Gebaute Maschinen: 105
Foto:	BAe/Jetstream 41 von United Express aus USA

UNITED EXPRESS
G-4-012

BAe ATP/JETSTREAM 61 — Großbritannien

Das erfolgreiche Regionalverkehrsflugzeug BAe/HS-748 stand etwa 20 Jahre in der Produktion, und trotz zahlreicher Verbesserungen war das Muster Anfang der 80er Jahre gegenüber neuen Typen nicht mehr konkurrenzfähig. Unter der Projektbezeichnung ATP – Advanced Turboprop, kündigte BAe im März 1984 auf der Basis der BAe-748 ein technologisch aufgewertetes und vergrößertes Nachfolgemuster an. Der Rumpf der ATP ist gegenüber der BAe-748 um 5,5 m verlängert worden und beinhaltet eine aufgewertete Kabinenausstattung für 64 bis 72 Passagiere bei 2 plus 2 Sitzen je Sitzreihe. Der Passagiereingang beinhaltet eine bordeigene Treppe und wurde nach vorne verlegt.
Das Antriebsystem der ATP besteht aus zwei fortschrittlichen Propellerturbinen Pratt & Whitney Canada PW127 D mit je 2022 kW Startleistung, die ihre Leistung über moderne, geräuscharme Sechs-Blatt-Luftschrauben von 4,2 m Durchmesser übertragen. Zur Aufwertung gehörte auch die Modernisierung des Cockpit, u. a. mit Bildschirmanzeigen. Die Flugerprobung der ATP begann im Sommer 1986, und im April 1988 kam das erste Muster bei British Midland in den Regionalverkehr.
Im Zuge der Restrukturierung von BAe entstand 1992 die Tochtergesellschaft Jetstream Aircraft Ltd. mit dem Firmensitz am Flughafen Prestwick, Schottland. Neben der Produktion der Muster Jetstream 31 und Jetstream 41, übernahm die neue Tochtergesellschaft die Produktion der ATP, die 1993 von Manchester nach Prestwick verlegt wurde. Im September 1994 stellte man auf der Farnborough Air Show die aufgewertete Variante Jetstream 61 vor, die im Juni 1995 die Musterzulassung bekam. Sie hat gegenüber der ATP stärkere Triebwerke und höhere Betriebsgewichte. Ebenfalls 1994 stellte Jetstream Aircraft die neuen Projekte Jetstream 51/71 für 51 bzw.71 Passagiere vor, mit 650 km/h Reisegeschwindigkeit, sie blieben aber im Projektstadium. Nach dem Bau von nur 61 Maschinen endete 1995 die Produktion der ATP, 1997 wurden die letzten beiden Maschinen zum Sonderpreis verkauft. Ab Ende 1998 wird Jetstream Aircraft in Prestwick keine Flugzeuge mehr bauen und nur noch den Ersatzteilservice für die Muster Jetstream 31/41 und ATP weiterführen.

Abmessungen und technische Daten:

Spannweite:	30,63 m	Rüstmasse:	14.200 kg
Länge:	26,00 m	max. Startmasse:	23.678 kg
Höhe:	7,14 m	max. Landemasse:	23.134 kg
Flügelfläche:	78,30 m²	max. Nutzmasse:	7.400 kg
Preis ca. Mill. US-$:	15,0	Tankkapazität:	6.365 l

Reisegeschwindigkeit:	500 km/h
Landegeschwindigkeit:	190 km/h
Dienstgipfelhöhe:	8.100 m
Startstrecke über 15 m Höhe:	1.500 m
Einsatzreichweite mit max. Nutzmasse:	1.200 km
Reichweite mit vollen Tanks:	3.600 km
Treibstoffverbrauch im Reiseflug:	850 l/h

Triebwerkanlage:	2 Propellerturbinen Pratt & Whitney Canada PW127D mit je 2.022 kW Startleistung	
Kategorie:	Verkehrsflugzeug für Regionalstrecken, Passagiere 64–71, Crew 2/2	
Hersteller:	Jetstream Aircraft Ldt., Prestwick, Großbritannien	
Erstflug:	6. August 1986	Gebaute Maschinen: 61
Foto:	BAe/ATP von Air Europa Express, Spanien	

air europa
express

BRITISH AEROSPACE BAe-146

Großbritannien

Die ehemalige britische Flugzeugfirma Hawker Siddeley begann Ende der 60er Jahre unter der Projektbezeichnung HS-146 mit der Entwicklung eines Strahlverkehrsflugzeuges für etwa 75 Passagiere, das hauptsächlich für den Einsatz auf kleineren Regionalflughäfen konzipiert wurde. Nach der Eingliederung von HS in den Firmenverband British Aerospace – BAe, erhielt das Projekt die neue Bezeichnung BAe-146, und im September 1981 begann der Prototyp mit der Flugerprobung. Die BAe-146 hat für einen Verkehrsjet eine ungewöhnliche Auslegung, denn kein anderes Muster in dieser Kategorie hat vier Triebwerke und eine Hochdeckerbauweise. Für die Einsatzbedingungen auf kleinen Flugplätzen hat die Hochdeckerbauweise jedoch Vorteile, denn sie ermöglicht ein kurzes, robustes Fahrwerk und dadurch auch eine einfache Beladung ohne Hilfsmittel. Das Fehlen eines geräuscharmen Mantelstromtriebwerkes in der Schubklasse von etwa 60 kN beim Entstehen der »146« führte zur viermotorigen Auslegung des Musters. Von der BAe-146 wurden drei Versionen gebaut, im Mai 1983 begann die Dan-Air London mit dem Einsatz der Basisversion BAe-146-100 für maximal 79 Passagiere und mit 38 t maximaler Startmasse; davon wurden insgesamt 33 verkauft. Am erfolgreichsten war mit 122 Verkäufen die BAe-146-200 für 80 bis 85 Passagiere, die im Juni 1983 erstmals an die US-Regionalgesellschaft Air Wisconsin ausgeliefert wurde. Die Serie 200 hat gegenüber der Basisversion einen 2,4 m längeren Rumpf und 42 t max. Startmasse. Im Dezember 1988 folgte die in 60 Exemplaren verkaufte BAe-146-300 für 105 bis 122 Passagiere im Liniendienst; sie hat einen um weitere 2,3 m gestreckten Rumpf, 44,2 t maximale Startmasse und schubstärkere Triebwerke. Für die Serie 300 war ebenfalls Air Wisconsin der erste Abnehmer, und alle Varianten der BAe-146 wurden erfolgreich in den USA verkauft.
Der voluminöse Rumpf der Baureihe BAe-146 sowie die Hochdeckerbauweise eignen sich hervorragend für ein Frachterkonzept, und für diese Einsatzart entstanden aus der Serie 200 sowie 300 die reinen Frachtvarianten BAe-QT (Quiet Trader). Die BAe-QT haben ein großes Ladetor seitlich im Rumpf und einen Rollenteppich im Rumpfboden für die schnelle Be- und Entladung von Frachtpaletten. 1992 endete die Produktion der BAe-146.

Abmessungen und technische Daten: BAe-146-300

Spannweite:	26,34 m	Rüstmasse:	24.700 kg
Länge:	30,99 m	max. Startmasse:	44.226 kg
Höhe:	8,60 m	max. Landemasse:	38.329 kg
Flügelfläche:	77,30 m²	max. Nutzmasse:	9.545 kg
Preis ca. Mill. US-$:	32,00	Tankkapazität:	11.728 l

Reisegeschwindigkeit:	730 km/h
Landegeschwindigkeit:	195 km/h
Dienstgipfelhöhe:	9.150 m
Startstrecke über 15 m Höhe:	1.700 m
Einsatzreichweite mit max. Nutzmasse:	2.300 km
Reichweite mit vollen Tanks:	3.000 km
Treibstoffverbrauch im Reiseflug:	2.700 l/h

Triebwerkanlage:	4 Mantelstromtriebwerke Avco Lycoming ALF502R-5 mit je 29 kN Standschub	
Kategorie:	Verkehrsflugzeug für Kurz- und Mittelstrecken, Passagiere 105–122, Crew 2/3	
Hersteller:	British Aerospace, Werk Hatfield, Großbritannien	
Erstflug:	3. September 1981	Gebaute Maschinen: 225 (alle Versionen)
Foto:	BAe/BAe-146-300 von Ansett New Zealand	

Ansett
New Zealand

BAe/AVRO REGIONALJET (RJ) **Großbritannien**

1990 begann für die Baureihe BAe-146 ein umfangreiches Modernisierungsprogramm, und eine umgebaute BAe-146-100 begann im Herbst 1990 als Erprobungsträger mit der Flugerprobung. Im wesentlichen umfaßt dieses »up-to-date« die Verwendung der modifizierten Triebwerkvariante Textron Lycoming LF507 mit 27–31 kN Standschub, abhängig von der Flugzeugvariante, ferner eine neue Technologie in der Cockpit-Ausstattung, inklusive von Bildschirmanzeigen und für Landungen nach der Kategorie IIIa. Auch das Design der Passagierkabine wurde einer Aufwertung unterzogen, u. a. mit größeren Ablagefächern über den Sitzen. Im Sommer 1992 änderte man das Markenzeichen der modernisierten BAe-146 in RJ – Regionaljet um und 1993 kam der Typennamen Avroliner hinzu. Für die beabsichtigte Produktion der Baureihe in Fernost gründete man die BAe-Tochtergesellschaft Avro International Aerospace mit Sitz in Woodford, dem einstigen Stammwerk der Flugzeugfirma Avro.
1993 stellte die Crossair aus der Schweiz mit einem RJ85 das erste Exemplar der neuen Produktreihe in den Regionaldienst. Der RJ85 entspricht der früheren Serie 200 und er hat 42,2 t maximale Startmasse. Der RJ70 entspricht der früheren Serie 100 und brachte es nur auf 12 verkaufte Exemplare. Der RJ100 entspricht der ehemaligen Serie 300 mit 2 plus 3 Sitzen je Sitzreihe, während der RJ115 eine enge Bestuhlung mit 3 plus 3 Sitzen je Sitzreihe bietet. Der RJ115 wird heute nicht mehr vermarktet. Von den Varianten RJ85 und RJ100 wird auch die Frachtvariante QT oder die gemischte Passagier-Frachtvariante QC angeboten.
Der 100. Avroliner konnte im Februar 1998 ausgeliefert werden und für etwa 50 weitere Maschinen liegen noch Bestellungen vor. Mit 36 RJ85 hat Northwest Jetlink in den USA die größte Flotte dieser Baureihe, Lufthansa CityLine betreibt 18 RJ85 mit 80 Passagiersitzen.
Nach der Schließung des Werkes Hatfield wird ab 1998 die gesamte Produktion der Avroliner in das Werk Woodford verlegt. Bei Avro International laufen gegenwärtig Studien für eine zweimotorige Auslegung der Baureihe RJ mit einem fortschrittlichen Mantelstromtriebwerk.

Abmessungen und technische Daten: RJ100

Spannweite:	26,34 m	Rüstmasse:	25.500 kg
Länge:	30,99 m	max. Startmasse:	46.040 kg
Höhe:	8,60 m	max. Landemasse:	40.143 kg
Flügelfläche:	77,30 m²	max. Nutzmasse:	11.500 kg
Preis ca. Mill. US-$:	30,00	Tankkapazität:	12.900 l

Reisegeschwindigkeit:	690 km/h
Landegeschwindigkeit:	200 km/h
Dienstgipfelhöhe:	9.150 m
Startstrecke über 15 m Höhe:	1.400 m
Einsatzreichweite mit max. Nutzmasse:	2.000 km
Reichweite mit vollen Tanks:	3.400 km
Treibstoffverbrauch im Reiseflug:	2.700 l/h

Triebwerkanlage:	4 Mantelstromtriebwerke Textron Lycoming LF507 mit je 31,15 kN Standschub
Kategorie:	Verkehrsflugzeug für Kurz- und Mittelstrecken, Passagiere 100–122, Crew 2/3
Hersteller:	BAe/Avro International, Werk Woodford, Großbritannien
Erstflug:	13. Mai 1992 — Gebaute Maschinen: 115
Foto:	Avro International/RJ85 von Northwest Airlines aus USA

NORTHWEST
Jet Airlink
G-6-307
502

BOEING 717-200 USA

Der Kurz- und Mittelstreckenjet Boeing 717-200 begann im September 1998 mit seiner Flugerprobung, es ist ein Muster für 100 Passagiere. Das Projekt entstand Anfang der 90er Jahre unter der Typenbezeichnung MD-95 bei dem damaligen Luftfahrtkonzern McDonnell Douglas und es wurde gleichzeitig das letzte Produkt dieser traditionsreichen Flugzeugfirma. Die MD-95 basiert zellenmäßig weitgehend auf dem erfolgreichen Muster Douglas DC-9/30, aber die Betriebssysteme und das Layout der Passagierkabine bekamen eine erhebliche Aufwertung. Für den Antrieb wählte man das Mantelstromtriebwerk BMW/Rolls-Royce BR.715 mit einer Schubleistung von 90 bis 95 kN. Die Ausstattung des Cockpits entspricht dem neuesten Stand, inklusive der bekannten Bildschirmanzeigen. Die Passagierkabine des neuen Musters bekam gegenüber der DC-9/30 eine optische sowie praktische Aufwertung, und sie bietet je nach Ausstattung Platz für 98 bis 106 Fluggäste, bei 2 plus 3 Sitzen je Reihe.
McDonnel Douglas konnte für das Projekt MD-95 mehrere ausländische Partnerfirmen gewinnen, die sich auch an den Entwicklungskosten beteiligten. Die Flugerprobung der MD-95 sollte 1997 beginnen, doch in diesem Jahr wurde MDD von dem Boeing-Konzern übernommen. Die MD-95 ist das einzige Projekt, das Boeing von der MDD-Übernahme weiterentwickelt, es erhielt die neue Typenbezeichnung Boeing 717-200. Wenn die Flugerprobung ohne Probleme verläuft, soll die Boeing 717-200 im Herbst 1999 ihre Musterzulassung erhalten.
Bis Ende 1998 gab es nur zwei Kunden für die Boeing 717-200, die US-Gesellschaft AirTran mit 50 Bestellungen und die Flugzeugleasingfirma Bavaria aus Deutschland mit 5 Bestellungen. Der Markt für diese Flugzeugkategorie ist aber günstig und die Boeing 717-200 dürfte bald mehr Verkaufserfolge erzielen. Die Boeing 717-200 wird in der Basisversion mit 51,7 t maximaler Startmasse und 2600 km Reichweite angeboten, oder als Option mit 55 t maximaler Startmasse und 3600 km Reichweite.
Die Produktionshalle der ehemaligen McDonnell Douglas Company in Long Beach, will Boeing nach dem Auslaufen der Produktion aller MD-Muster im Jahre 2000 für die Produktion weiter nutzen.

Abmessungen und technische Daten: Boeing 717-200

Spannweite:	28,45 m	Rüstmasse:	32.300 kg
Länge:	37,80 m	max. Startmasse:	54.886 kg
Höhe:	8,90 m	max. Landemasse:	49.896 kg
Flügelfläche:	93,00 m²	max. Nutzmasse:	11.000 kg
Preis ca. Mill. US-$:	35,00	Tankkapazität:	17.500 l

Reisegeschwindigkeit:	870 km/h
Landegeschwindigkeit:	250 km/h
Dienstgipfelhöhe:	11.600 m
Startstrecke über 15 m Höhe:	2.000 m
Einsatzreichweite mit max. Nutzmasse:	3.600 km
Reichweite mit vollen Tanks:	5.200 km
Treibstoffverbrauch im Reiseflug:	2.400 l/h

Triebwerkanlage:	2 Mantelstromtriebwerke BMW/Rolls-Royce BR.715 mit je 95 kN Standschub	
Kategorie:	Verkehrsflugzeug für Kurz- und Mittelstrecken, Passagiere 98–106, Crew 2/3	
Hersteller:	Boeing Commercial Airplane Group, Long Beach Division, USA	
Erstflug:	2. September 1998	Gebaute Maschinen: 3
Foto:	Boeing/Prototyp Boeing 717–200	

BOEING 717

BOEING 737 SERIE 300/400/500 USA

Im Jahre 1988 endete die Produktion der Boeing 737 von der Serie 100 und 200 nach dem Bau von genau 1144 Maschinen, und die Produktion wurde auf die zweite Generation dieses Bestsellers, bestehend aus den Serien 737-300/400 und 500, umgestellt. Mit den Projektstudien für die neue Generation der Boeing 737 begann man bereits Anfang der 80er Jahre, und Kernpunkt der Modernisierung war das Antriebssystem mit dem fortschrittlichen und umweltfreundlichen Turbofan CFM56-3 mit etwa 90 kN Standschub. Weiter unterscheidet sich die neue Serie von der alten Serie 200 an dem modifizierten Tragflügel, einem stärkeren Fahrwerk, einer längeren Auslaufkante des Seitenleitwerks und an der Ausrüstung des Cockpits mit Bildschirmanzeigen.

Als erste der drei neuen Varianten begann die Boeing 737-300 im Februar 1984 mit der Flugerprobung und kam bereits im Dezember des gleichen Jahres bei der damaligen USAir in den Liniendienst. Die Serie 300 hat gegenüber der Serie 200 einen um 2,6 m verlängerten Rumpf für 128 bis 149 Passagiere, die maximale Startmasse liegt je nach Option zwischen 56,5 t bis 62,8 t, die Schubleistung der Triebwerke liegt je nach Option bei etwa 90 bis 95 kN, und die Reichweite mit voller Nutzmasse von 15 t beträgt 3900 km. Mit etwa 1200 verkauften Exemplaren ist die Serie 300 mit Abstand das erfolgreichste Modell unter der zweiten Generation der »737«. Im Oktober 1988 stellte die damalige US-Gesellschaft Piedmont Airlines die erste Boeing 737-400 in den Liniendienst, sie ist mit 146 bis 168 Passagiersitzen die größte Variante der zweiten Generation. Gegenüber der Serie 300 hat die Serie 400 einen um weitere 2,9 m verlängerten Rumpf, 2 zusätzliche Notausgänge über der Tragfläche und mit 68 t die höchste Startmasse der neuen Serie. Mit knapp 500 Bestellungen rangiert die Serie 400 an zweiter Stelle hinter der Serie 300.

Als direkter Ersatz für die ursprüngliche Serie 200 entstand die Serie 500, sie hat die gleichen Abmessungen wie ihre Vorgängerin und ist für 108 bis 132 Passagiere ausgelegt. Diese kleinste Ausführung aus der 2. Generation der »737« kam im März 1990 bei der Southwest Airlines aus Dallas erstmals in den Linieneinsatz, ihre maximale Startmasse beträgt 52,4 t bis 60,6 t, und sie erhielt etwa 400 Bestellungen.

Abmessungen und technische Daten: Boeing 737-300

Spannweite:	28,90 m	Rüstmasse:	33.300 kg
Länge:	33,40 m	max. Startmasse:	62.820 kg
Höhe:	11,10 m	max. Landemasse:	52.890 kg
Flügelfläche:	92,50 m²	max. Nutzmasse:	15.400 kg
Preis ca. Mill. US-$:	33,00	Tankkapazität:	20.100 l

Reisegeschwindigkeit:	825 km/h
Landegeschwindigkeit:	260 km/h
Dienstgipfelhöhe:	12.000 m
Startstrecke über 15 m Höhe:	2.600 m
Einsatzreichweite mit max. Nutzmasse:	3.600 km
Reichweite mit vollen Tanks:	4.800 km
Treibstoffverbrauch im Reiseflug:	3.100 l/h

Triebwerkanlage:	2 Mantelstromtriebwerke CFM56-C1 mit je 94 kN Standschub
Kategorie:	Verkehrsflugzeug für Kurz- und Mittelstrecken, Passagiere 128–149, Crew 2/3
Hersteller:	Boeing Commercial Airplane Company, Werk Renton, USA
Erstflug:	24. Februar 1984 Gebaute Maschinen: 1900 (alle Varianten)
Foto:	Varig/Boeing 737–300 von Varig aus Brasilien

VARIG
Brasil
PP-VPA

BOEING 737-600/700 USA

Nach längeren Marktuntersuchungen gab Boeing im November 1993 die Entwicklung der 3. Generation der Boeing 737 bekannt, bestehend aus den Varianten 737-600, 737-700 und 737-800. Wegen des anhaltenden, guten Absatzes der 737-Baureihe, verzichtete man bei Boeing auf die Entwicklung einer ganz neuen Zelle für die neue Generation dieser Baureihe und wählte statt dessen eine generelle Vergrößerung, Verstärkung und Modernisierung auf der Basis der gegenwärtigen Generation. Nach Aussagen von Boeing war das der mehrheitliche Wunsch der Kunden von der gegenwärtigen Generation der Boeing 737-300/400/500. Alle drei neuen Modelle haben gegenüber der gegenwärtigen 737-Generation einen modifizierten Tragflügel mit einem geringeren Dickverhältnis und 5,4 m mehr Spannweite, ferner eine allgemeine Strukturverstärkung für die höheren Betriebsgewichte, ein größeres Leitwerk und ein Fahrwerk mit größeren Reifen.
Für den Antrieb der neuen 737-Generation entwickelte CFM die schubstärkere Variante CFM56-7 mit einer Schubleistung von 82 bis 118 kN, je nach Baureihe. Als erstes Modell der neuen Reihe begann die Boeing 737-700 im Februar 1997 mit der Flugerprobung. Die 737-700 wird die gegenwärtige 737-300 ersetzen, sie hat nahezu die gleiche Rumpflänge für 128 bis 149 Passagiere und 60,3 t maximale Startmasse als Basisversion oder 69,4 t als Option. Southwest Airlines aus Dallas stellte die erste Boeing 737-700 im Dezember 1997 in den Liniendienst, und mit 63 Bestellungen sowie 63 Optionen ist die Airline bis dato der größte Kunde dieser Variante. Als Ersatz der Boeing 737-500 dient die 737-600, beide Varianten haben die gleiche Passagierkapazität (108 bis 132), aber die Serie 600 hat erheblich höhere Betriebsgewichte, 56,2 t als Basis oder 65 t als Option. Die 737-600 begann im Januar 1998 mit der Flugerprobung und kam im Herbst 1998 bei der SAS erstmalig in den Liniendienst. Unter der Typenbezeichnung BBJ – Boeing Business Jet, ist auf der Basis der neuen 737-Generation auch ein großer Business Jet lieferbar. Der BBJ hat den Rumpf der 737-700 kombiniert mit der stärkeren Tragfläche und dem Fahrwerk der 737-800; Erstauslieferung 1999 an General Electric in USA.

Abmessungen und technische Daten: Boeing 737-700

Spannweite:	34,30 m	Rüstmasse:	35.500 kg
Länge:	33,60 m	max. Startmasse:	69.400 kg
Höhe:	12,50 m	max. Landemasse:	58.060 kg
Flügelfläche:	125,00 m²	max. Nutzmasse:	15.500 kg
Preis ca. Mill. US-$:	48,00	Tankkapazität:	26.000 l

Reisegeschwindigkeit:	850 km/h
Landegeschwindigkeit:	255 km/h
Dienstgipfelhöhe:	12.500 m
Startstrecke über 15 m Höhe:	2.500 m
Einsatzreichweite mit max. Nutzmasse:	4.500 km
Reichweite mit vollen Tanks:	6.000 km
Treibstoffverbrauch im Reiseflug:	2.900 l/h

Triebwerkanlage:	2 Mantelstromtriebwerke CFM56-7 mit je 107 kN Standschub	
Kategorie:	Verkehrsflugzeug für Kurz- und Mittelstrecken, Passagiere 128–149, Crew 2/4	
Hersteller:	Boeing Commercial Airplane Group, Werk Renton, USA	
Erstflug:	9. Februar 1997	Gebaute Maschinen: 70
Foto:	SAS/Boeing 737-600 der SAS mit neuer Bemalung	

SAS
Airlines
Scandinavian

BOEING 737-800/900 USA

Im Juli 1997 begann die Flugerprobung der Variante Boeing 737-800, die in einer typischen Zweiklassen-Ausstattung 162 Passagiere aufnehmen kann. Gegenüber der Boeing 737-600, ist der Rumpf der Serie 800 um 8,3 m länger, oder 5,9 m gegenüber der Serie 700. Die maximale Startmasse der Serie 800 beträgt 70,5 t und als Option ist eine verstärkte Ausführung mit 78 t Startmasse erhältlich, für eine maximale Reichweite von 5200 km. Als Erstkunde bestellte 1994 die deutsche Chartergesellschaft Hapag-Lloyd 16 Boeing 737-800, die erste davon kam im Mai 1998 erstmals in den Passagiereinsatz. Hapag-Lloyd hat ihre Boeing 737-800 mit 184 Sitzen in einer Einheitsklasse ausgerüstet. Continental Airlines aus USA war Ende 1998 mit 30 Bestellungen der größte Kunde der »737-800«, gefolgt von Air Europa mit 10 und der Royal Air Maroc mit 9 Maschinen.

Das Spitzenmodell der 737-Baureihe wird die Boeing 737-900, sie wird im Jahr 2000 mit der Flugerprobung beginnen. Als Erstkunde bestellte Alaska Airlines im November 1997 für insgesamt über eine Milliarde US-$ 10 Boeing 737-900 und vergab zusätzlich 10 Optionen. Weitere Besteller dieser Variante sind die niederländische KLM und Continental Airlines, die Erstauslieferung ist für das Jahr 2001 geplant. Die Boeing 737-900 wird in einer Zweiklassen-Kabine 170 bis 188 Passagiersitze haben, bei enger Bestuhlung dürfen 189 Sitze eingebaut werden. Obwohl die Serie 900 gegenüber der Serie 800 einen um 2,6 m längeren Rumpf haben wird, ist die Sitzzahl wie bei der Serie 800 auf 189 limitiert, um die Vorschriften für eine Notevakuierung zu erfüllen. Die maximale Startmasse und die Flugleistungen der Serie 900 werden weitgehend identisch mit der Serie 800 sein. Die Boeing 737-900 soll gegenüber der Serie 800 hauptsächlich im Linieneinsatz mehr Komfort bieten, und sie ist als Boeings Konkurrent zum Airbus A321 gedacht. Im September 1998 überschritt die Zahl der bestellten Boeing 737 der 3. Generation die magische Zahl von 1000 Maschinen, inklusive der dazubestellten Optionen.

Abmessungen und technische Daten: Boeing 737-800

Spannweite:	34,30 m	Rüstmasse:	42.850 kg
Länge:	39,50 m	max. Startmasse:	78.000 kg
Höhe:	12,50 m	max. Landemasse:	65.300 kg
Flügelfläche:	125,50 m²	max. Nutzmasse:	18.750 kg
Preis ca. Mill. US-$:	45,0	Tankkapazität:	26.000 l

Reisegeschwindigkeit:	880 km/h
Landegeschwindigkeit:	255 km/h
Dienstgipfelhöhe:	12.500 m
Startstrecke über 15 m Höhe:	2.500 m
Einsatzreichweite mit max. Nutzmasse:	3.900 km
Reichweite mit vollen Tanks:	5.500 km
Treibstoffverbrauch im Reiseflug:	3.100 l/h

Triebwerkanlage:	2 Mantelstromtriebwerke CFM56-7B mit je 116 kN Standschub	
Kategorie:	Verkehrsflugzeug für Mittelstrecken, Passagiere 162–189, Crew 2/5	
Hersteller:	Boeing Commercial Airplane Group, Werk Renton, USA	
Erstflug:	31. Juli 1997	Gebaute Maschinen: 50
Foto:	Hapag-Lloyd/Boeing 737-800	

Hapag-Lloyd

BOEING 747-200/747SP

USA

Mit der Baureihe Boeing 747 entstand vor 30 Jahren das größte Muster unter den Verkehrsflugzeugen, und mit über 1000 im Einsatz befindlichen Maschinen ist es zugleich der wichtigste Typ im Langstreckeneinsatz. Für die Konstrukteure war die Boeing 747 eine wahre technische Herausforderung, denn bei ihrem Entwurf mußten zahlreiche Neuerungen entwickelt und intensiv getestet werden. Die Basisversion Boeing 747-100 kam im Dezember 1970 bei der ehemaligen Pan American erstmals in den Liniendienst, sie hatte eine Zweiklassen-Kabine mit 48/337 Sitzen, eine maximale Startmasse von 322 t und die Einsatzreichweite lag bei etwa 6500 km. Trotz des damals enorm hohen Kaufpreises von etwa 30 Millionen US-$, verkaufte sich das Muster hervorragend, denn alle wichtigen Airlines wollten dieses Prestige-Muster in der Flotte haben. Nach dem Bau von 250 Einheiten der Serie 100, stellte man die Produktion auf die verstärkte Variante Boeing 747-200 um, von der insgesamt 393 Einheiten ausgeliefert wurden, davon nur 54 an US-Gesellschaften, die restlichen 339 waren für ausländische Kunden. Die Serie 200 wurde als reine Passagiervariante, als Kombi-Version für den gemischten Passagier-/Frachteinsatz und als reiner Frachter angeboten. Äußerlich ist die Kombi-Version an dem großen Ladetor hinten Backbord erkennbar, während die Frachtversion 747F zusätzlich einen hochklappbaren Rumpfbug besitzt. Die durchschnittliche Nutzmasse der 747F beträgt etwa 100 t. Während der langen Produktionsdauer der Serie 200 von genau 20 Jahren, stieg die maximale Startmasse von 335 t auf zuletzt 377 t. Für den Antrieb der 747-200 konnten je nach Option des Käufers Mantelstromtriebwerke von 220 bis 260 kN Standschub der bekannten Hersteller General Electric, Pratt & Whitney oder Rolls-Royce verwendet werden. Die Produktion der Boeing 747-200 wurde 1991 zugunsten der neuen Varianten 747-300 und 747-400 beendet. Auf der Basis der Boeing 747-200 entstand 1975 die Variante 747SP (Special Performance), von der allerdings nur 44 Exemplare produziert wurden. Die 747SP hatte eine Zweiklassen-Kabine für z. B. 26/254 Passagiere und war für große Reichweiten von etwa 10.000 km Länge optimiert. Äußerlich ist die 747SP von den anderen 747-Varianten an den um 14,3 m kürzeren Rumpf erkennbar.

Abmessungen und technische Daten: Boeing 747-200Adv.

Spannweite:	59,64 m	Rüstmasse:	165.500 kg
Länge:	70,66 m	max. Startmasse:	377.800 kg
Höhe:	19,33 m	max. Landemasse:	285.770 kg
Flügelfläche:	510,97 m²	max. Nutzmasse:	69.600 kg
Preis ca. Mill. US-$:	95,00	Tankkapazität:	205.000 l

Reisegeschwindigkeit:	925 km/h
Landegeschwindigkeit:	260 km/h
Dienstgipfelhöhe:	12.500 m
Startstrecke über 15 m Höhe:	3.400 m
Einsatzreichweite mit max. Nutzmasse:	7.000 km
Reichweite mit vollen Tanks:	10.500 km
Treibstoffverbrauch im Reiseflug:	16.000 l/h

Triebwerkanlage:	4 Mantelstromtriebwerke General Electric CF6-80C2 mit je 260 kN Standschub	
Kategorie:	Verkehrsflugzeug für Langstrecken, Passagiere 355-505, Crew 3/16	
Hersteller:	Boeing Commercial Airplane, Werk Everett, USA	
Erstflug:	9. Februar 1969	Gebaute Maschinen: 687
Foto:	Continental Airlines/Boeing 747-200 in New York	

Continental

BOEING 747-300/400 USA

Im Herbst 1982 entstand mit der neuen Version Boeing 747-300 die 10. Variante aus der erfolgreichen Baureihe der »747«. Die Serie 300 unterscheidet sich von der Vorgängerversion durch das um etwa 7 m verlängerte Oberdeck, in dem bei einer engen Bestuhlung 96 Passagiere Platz hätten. Bei den meisten Betreibern der 747-300 wird jedoch dieses Oberdeck als First Class genutzt, meistens für 22 bis 26 Passagiere. Zahlreiche Maschinen der Serie 300 entstanden als Kombi-Version für den gemischten Passagier-/Frachteinsatz, wobei im hinteren Bereich der Kabine Frachtpaletten verladbar sind. Die Boeing 747-300 kam im März 1983 erstmals bei der Swissair in den Liniendienst. Zu den weiteren Hauptkunden dieses Musters zählen Cathay Pacific, Japan Air Lines, Korean Airlines sowie Singapore Airlines. Für die niederländische KLM wurden mehrere Maschinen der Serie 747-200 auf den Standard der Serie 300 nachgerüstet. Nach dem Bau von 81 Exemplaren endete 1989 die Produktion der Boeing 747-300 zugunsten der weiter verstärkten Boeing 747-400. Die Boeing 747-400 blieb bis heute das Top-Modell unter den Varianten der »747« und die großen Winglets sind ihr äußeres Erkennungsmerkmal. Neben zahlreichen aerodynamischen Verfeinerungen an der Zelle und der Triebwerkaufhängung, wurde die Zelle der Serie 400 erheblich verstärkt, für eine maximale Startmasse von nahezu 400 t.
Für die Erhöhung der Tankkapazität und zur gleichzeitigen idealen Schwerpunktverteilung, wurde das Leitwerk als Integraltank ausgebaut. Ferner konnte dank der modernen Elektronik auch die Crew im Cockpit des größten Verkehrsflugzeuges der Welt auf nur zwei Mitglieder reduziert werden. Auch die Boeing 747-400 ist in den drei Transportvarianten Passagier, Passagier/Kombi und Frachter lieferbar, wobei die Frachtvariante den Rumpf der Serie 200 mit dem kurzen Oberdeck besitzt. Die Boeing 747-400 kam im Januar 1989 bei Northwest Airlines in den USA erstmals in den Passagiereinsatz und bis Ende 1998 werden knapp 500 Maschinen im Verkehr stehen. Im September 1993 verließ mit einer »747-400« das 1000. Exemplar dieser Baureihe die Montagehalle in Everett. Von Lufthansa wird die »747-400« in der Dreiklassen-Aufteilung mit 16/64/292 Sitzen eingesetzt.

Abmessungen und technische Daten: Boeing 747-400

Spannweite:	64,31 m	Rüstmasse:	180.000 kg
Länge:	70,66 m	max. Startmasse:	394.630 kg
Höhe:	19,33 m	max. Landemasse:	285.770 kg
Flügelfläche:	524,90 m²	max. Nutzmasse:	66.000 kg
Preis ca. Mill. US-$:	185,00	Tankkapazität:	216.850 l

Reisegeschwindigkeit:	920 km/h
Landegeschwindigkeit:	270 km/h
Dienstgipfelhöhe:	12.500 m
Startstrecke über 15 m Höhe:	3.800 m
Einsatzreichweite mit max. Nutzmasse:	9.800 km
Reichweite mit vollen Tanks:	11.000 km
Treibstoffverbrauch im Reiseflug:	16.000 l/h

Triebwerkanlage:	4 Mantelstromtriebwerke Rolls-Royce RB211-524G mit je 260 kN Standschub oder andere Muster	
Kategorie:	Verkehrsflugzeug für Langstrecken, Passagiere 385–496, Crew 2/18	
Hersteller:	Siehe 747-200	
Erstflug:	5. Oktober 1982 (747-300)	Gebaute Maschinen: 570
Foto:	Malaysia Airlines/Boeing 747-400	

malaysia

BOEING 757 USA

Vor 20 Jahren (1978) begann Boeing mit dem Marketing des Mittelstreckenmusters Boeing 757, das als Nachfolgemodell für die besonders erfolgreiche Boeing 727 entwickelt wurde.
Die Boeing 757 hat den gleichen Rumpfquerschnitt wie die Boeing 727, und die 36 m lange Kabine hat z. B. in einer Zweiklassen-Aufteilung Platz für 16/170 Passagiere und bei einer engen Bestuhlung im Charterverkehr für maximal 239 Passagiere. Für den Antrieb der »757« stehen die beiden Triebwerkmarken Pratt & Whitney PW2040 oder Rolls-Royce RB211-535 mit 178 bis 185 kN zur Verfügung. Nach einer Testphase von knapp 1400 Flugstunden, begann die Basisausführung der Boeing 757 im Januar 1983 den Liniendienst bei der ehemaligen US-Gesellschaft Eastern Airlines in Miami. Die US-Gesellschaften American Airlines sowie United Airlines haben von der »757« jeweils etwa 80 Einheiten, während British Airways mit 55 Einheiten die größte Flotte dieses Musters außerhalb der USA besitzt. Die Basisausführung der Boeing 757 besitzt eine maximale Startmasse von 99,7 t und hat voll besetzt eine Einsatzreichweite von etwa 4500 km, während die neueren Ausführungen 115,7 t schwer sind und etwa 7000 km Reichweite aufweisen. Für den reinen Frachteinsatz entstand die Variante Boeing 757PF (Package Freighter) mit etwa 40 t Nutzmasse, erkennbar an dem fensterlosen Rumpf und dem großen Frachttor, insgesamt wurden 75 Einheiten bestellt.
Auf der Farnborough Air Show 1996 wurde die neueste Variante Boeing 757-300 angekündigt, und gleichzeitig die deutsche Chartergesellschaft Condor als Erstkunde genannt, mit 12 Festbestellungen und 12 Vormerkungen. Die Serie 300 ist im Prinzip eine um 7 m verlängerte Ausführung aus der Basisversion mit einer Kapazität für 225 bis 289 Passagiere, je nach Einsatzart, sowie einem um 40% gesteigerten Volumen in den Laderäumen. Ferner mußten bei der neuen Variante einige Teile der Zelle verstärkt werden, und für das Design der Passagierkabine verwendet man Neuerungen aus der Boeing 777.
Condor wird die ersten Einheiten der Boeing 757-300 im Sommer-Flugplan 1999 in den Charterdienst stellen, mit 252 Passagiersitzen; und das Muster dürfte auch noch andere Bedarfsgesellschaften ansprechen.

Abmessungen und technische Daten: Boeing 757-300

Spannweite:	38,05 m	Rüstmasse:	62.500 kg
Länge:	54,44 m	max. Startmasse:	122.472 kg
Höhe:	13,58 m	max. Landemasse:	101.606 kg
Flügelfläche:	181,20 m²	max. Nutzmasse:	28.500 kg
Preis ca. Mill. US-$:	75,00	Tankkapazität:	43.100 l

Reisegeschwindigkeit:	880 km/h
Landegeschwindigkeit:	255 km/h
Dienstgipfelhöhe:	12.000 m
Startstrecke über 15 m Höhe:	2.750 m
Einsatzreichweite mit max. Nutzmasse:	6.000 km
Reichweite mit vollen Tanks:	7.200 km
Treibstoffverbrauch im Reiseflug:	4.700 l/h

Triebwerkanlage:	2 Mantelstromtriebwerke PW2043 oder R/R RB211-535E4 mit je 185 bis 194 kN Standschub	
Kategorie:	Verkehrsflugzeug für Mittel- und Langstrecken, Passagiere 225–289, Crew 2/6	
Hersteller:	Boeing Commercial Airplane Company, Werk Renton, USA	
Erstflug:	2. August 1998	Gebaute Maschinen: 800 (alle Versionen)
Foto:	Condor/Boeing 757-300 von Condor-Flugdienst aus Deutschland	

Condor

BOEING 767

USA

Der ursprüngliche Mittelstreckenjet Boeing 767 wurde im Sommer 1978 angekündigt, zusammen mit dem Projekt Boeing 757. Die Boeing 767 entspricht mit ihrer Transportkapazität dem europäischen Airbus A310, und sie unterscheidet sich äußerlich von ihrem europäischen Konkurrenten an der größeren Tragflügelspannweite sowie durch den geringeren Rumpfdurchmesser von 4,7 m. Die Basisversion Boeing 767-200 kam im Herbst 1982 bei den drei großen US-Gesellschaften American Airlines, TWA und United Airlines erstmals in den Linieneinsatz. Bei einer maximalen Startmasse von anfangs 136 t, hat die Basisversion voll besetzt eine Reichweite von etwa 4500 km und sie hat z. B. in einer Zweiklassen-Kabine Platz für 18/186 Passagiere oder für bis zu 255 Passagiere in einer Einheitsklasse für den Chartereinsatz.

Im Frühjahr 1984 kam die Langstreckenversion Boeing 767-200ER erstmals in den Linieneinsatz, sie hat größere Tanks für maximal 63.200 l, eine höhere Startmasse von 153 bis 159 t und bis zu 9000 km Einsatzreichweite. Im September 1986 kam bei Japan Air Lines erstmals die vergrößerte Ausführung Boeing 767-300 in den Liniendienst, mit 254 Sitzen in einer Zweiklassenaufteilung. Gegenüber der Basisausführung hat die Serie 300 einen um 6,5 m verlängerten Rumpf mit einer 42 m langen Kabine für maximal 316 Passagiere und höhere Betriebsmassen. Die Boeing 767-300ER (Extended Range) ist für den Langstreckeneinsatz optimiert, mit vergrößerten Tanks und einer Startmasse zwischen 175 bis 186 t. Für den Frachteinsatz entstand die Boeing 767-300F mit einem großen Ladetor und einen fensterlosen Rumpf, bei etwa 50 t Nutzmasse beträgt ihre Reichweite etwa 5500 km, insgesamt wurden 32 Exemplare verkauft.

Für den Antrieb der Serie 200 werden die Triebwerkmarken JT9A oder PW4000 von Pratt & Whitney oder CF6A von General Electric verwendet, ab der Serie 300 ist auch die Marke Rolls-Royce RB211-524G erhältlich. Bis Ende 1998 wurden von der Boeing 767-200 insgesamt 128 Maschinen verkauft, weitere 100 von der Serie 200ER, 105 von der Serie 300 und 350 von der Serie 300ER. Die verkauften Maschinen stehen bei 10 US-Gesellschaften sowie 49 ausländischen Kunden im Einsatz.

Abmessungen und technische Daten: Boeing 767-300ER

Spannweite:	47,57 m	Rüstmasse:	90.500 kg
Länge:	54,95 m	max. Startmasse:	186.800 kg
Höhe:	15,85 m	max. Landemasse:	145.150 kg
Flügelfläche:	283,35 m^2	max. Nutzmasse:	40.700 kg
Preis ca. Mill. US-$:	105,00	Tankkapazität:	91.000 l

Reisegeschwindigkeit:	890 km/h
Landegeschwindigkeit:	265 km/h
Dienstgipfelhöhe:	12.500 m
Startstrecke über 15 m Höhe:	3.300 m
Einsatzreichweite mit max. Nutzmasse:	7.600 km
Reichweite mit vollen Tanks:	10.500 km
Treibstoffverbrauch im Reiseflug:	6.800 l/h

Triebwerkanlage:	2 Mantelstromtriebwerke Pratt & Whitney PW4050 oder andere Marken mit je 225 bis 268 kN Standschub	
Kategorie:	Verkehrsflugzeug für Langstrecken, Passagiere 210–316, Crew 2/8	
Hersteller:	Boeing Commercial Airplane Group, Werk Everett, USA	
Erstflug:	26. September 1981	Gebaute Maschinen: 700 (alle Versionen)
Foto:	Boeing/Boeing 767-300F von UPS aus USA	

United Parcel Service
ups

BOEING 767-400

USA

Das gestiegene Passagieraufkommen, aber auch das neue Muster Airbus A330-200, führten bei der Baureihe Boeing 767 zur Entwicklung der vergrößerten Variante 767-400. Gegenüber der aktuellen Serie 300, wurde der Rumpf der neuen Variante um 6,4 m gestreckt, und die Tragfläche erhält erstmals Winglets. In einer komfortablen Dreiklassen-Konfiguration bietet die Serie 400 Platz für 246 Passagiere, oder bis zu 356 Sitze in einer engeren Bestuhlung. Neben der Basisversion wird gleichzeitig die Langstreckenausführung 767-400ER angeboten, die vollbesetzt etwa 10.000 km Reichweite bietet. Für die maximale Startmasse von knapp 205 t mußten bei der neuen Variante gegenüber der Serie 300 zahlreiche Bauteile verstärkt werden, darunter auch das Fahrwerk und die Tragflügelstruktur. Beim Antrieb der Serie 400 werden die gleichen Triebwerkmarken wie bei der Serie 300 verwendet, allerdings mit etwa 5% mehr Schubleistung. Ferner mußten die meisten Betriebssysteme der größten 767-Variante verstärkt und z. T. modernisiert werden. Mit dem Bau der Boeing 767-400 wurde im Sommer 1998 begonnen, 1999 soll die Flugerprobung beginnen und im Frühjahr des Jahres 2000 soll der neue Jet erstmals in den Liniendienst kommen. Delta Air Lines aus Atlanta bestellte im März 1997 als erster Kunde 21 Boeing 767-400, und das Muster dürfte hauptsächlich gegenwärtige Kunden der 767 ansprechen, die mit einer Reichweite bis 10.000 km zufrieden sind, sowie Chartergesellschaften. Bei einer höheren Reichweite ist sein Rivale, Airbus A330-200, um knapp 2000 km besser.

1997 übernahm Boeing den Luftfahrtkonzern McDonnell Douglas, und damit gibt es weltweit nur noch zwei wichtige Produzenten von großen Verkehrsflugzeugen, nämlich Airbus Industrie und Boeing. Bis auf die Boeing 747-400, bieten beide Konzerne eine eng konkurrierende Palette an Verkehrsjets mit mehr als 100 Passagiersitzen an.

An der Produktion der Jetliner von Boeing sind zahlreiche ausländische Firmen als Unterauftragnehmer beteiligt.

Abmessungen und technische Daten: Boeing 767-400ER

Spannweite:	51,91 m	Rüstmasse:	98.000 kg
Länge:	61,38 m	max. Startmasse:	204.700 kg
Höhe:	16,80 m	max. Landemasse:	158.750 kg
Flügelfläche:	283,35 m^2	max. Nutzmasse:	45.500 kg
Preis ca. Mill. US-$:	125,00	Tankkapazität:	91.500 l

Reisegeschwindigkeit:	890 km/h
Landegeschwindigkeit:	270 km/h
Dienstgipfelhöhe:	12.500 m
Startstrecke über 15 m Höhe:	3.600 m
Einsatzreichweite mit max. Nutzmasse:	7.600 km
Reichweite mit vollen Tanks:	10.400 km
Treibstoffverbrauch im Reiseflug:	7.000 l/h

Triebwerkanlage:	2 Mantelstromtriebwerke General Electric CF6-80C2B mit je 277 kN Standschub oder andere	
Kategorie:	Verkehrsflugzeug für Langstrecken, Passagiere 246–356, Crew 2/10	
Hersteller:	Siehe Boeing 767-300	
Erstflug:	1999	Gebaute Maschinen: keine
Foto:	Boeing/Boeing 767-400	

BOEING 767-400
767

BOEING 777-200 USA

Unter der Projektbezeichnung Boeing 767X begannen 1986 Studien für ein vergrößertes Nachfolgemuster, das mit seiner Transportkapazität zwischen den Typen Boeing 767 sowie Boeing 747 liegt. Nach der endgültigen Auslegung für 375 Passagiere in einer Zweiklassen-Konfiguration und etwa 7500 km Reichweite, erhielt der neue Twinjet die Typenbezeichnung Boeing 777. Die 777 steht in Konkurrenz zu der Airbus-Baureihe A330/A340, und sie ist ein ideales Ersatzmuster für die älteren Wide-Bodies-DC-10 sowie Lockheed TriStar. In einer feierlichen Zeremonie wurde der erste Prototyp der 777 am 9. April 1994 in Everett aus der Montagehalle gezogen, und er begann im Juni 1994 mit seiner Flugerprobung. Die Basisversion der 777 kam am 7. Juni 1995 erstmals bei United Airlines in Chicago in den Liniendienst, sie hat bei dieser Airline eine maximale Startmasse von 229 t und eine Dreiklassen-Konfiguration für 12/49/231 Passagiere. Die gesamten Projektkosten für die Triple-Seven betrugen etwa 6 Milliarden US-$ und sie ist der erste Jetliner von Boeing mit einer sogenannten Fly-by-wire-Steuerung. Für den Antrieb der Boeing 777 sind die Triebwerkmarken General Electric GE90, Pratt & Whitney PW4074 oder Rolls-Royce Trent 800 mit einer Schubleistung von 325 kN bis 340 kN zugelassen.

Die maximale Startmasse der Boeing 777-200 wird laufend gesteigert, das aktuelle Modell ist die 777-200IGW (Increased Groos Weight) mit 294,2 t Startmasse. Sie wurde im April 1998 erstmals an Air France ausgeliefert, als erste von zehn Bestellungen. Im Projektstadium befindet sich gegenwärtig die Ausführung Boeing 777-200X, sie hat eine um 4 m größere Tragflügelspannweite, knapp 200.000 l Tankkapazität und etwa 16.000 km Reichweite. Sollte diese etwa 335 t schwere Variante noch 1998 bestellt werden, könnte mit der Auslieferung im Jahre 2000 begonnen werden.

Bis Ende 1998 gingen für die Boeing 777-200 etwa 250 Bestellungen von 34 Gesellschaften ein, und etwa 150 waren bereits ausgeliefert. In Europa wird das Muster gegenwärtig von den Gesellschaften Air France, British Airways und Lauda Air eingesetzt.

Abmessungen und technische Daten: Boeing 777-200IGW

Spannweite:	60,95 m	Rüstmasse:	146.000 kg
Länge:	63,70 m	max. Startmasse:	294.200 kg
Höhe:	18,52 m	max. Landemasse:	208.660 kg
Flügelfläche:	430,00 m²	max. Nutzmasse:	49.000 kg
Preis ca. Mill. US-$:	155,00	Tankkapazität:	169.200 l

Reisegeschwindigkeit:	890 km/h
Landegeschwindigkeit:	270 km/h
Dienstgipfelhöhe:	12.500 m
Startstrecke über 15 m Höhe:	3.600 m
Einsatzreichweite mit max. Nutzmasse:	10.000 km
Reichweite mit vollen Tanks:	12.500 km
Treibstoffverbrauch im Reiseflug:	8.750 l/h

Triebwerkanlage:	2 Mantelstromtriebwerke Pratt & Whitney PW4090 mit je 400 kN Standschub oder andere
Kategorie:	Verkehrsflugzeug für Langstrecken, Passagiere 305–375, Crew 2/10
Hersteller:	Boeing Commercial Airplane Company, Werk Everett, USA
Erstflug:	12. Juni 1994 — Gebaute Maschinen: 150
Foto:	Boeing/Boeing 777-200 von All Nippon Airways

BOEING 777-300 USA

Die Boeing 777 ist gegenwärtig das absolute Prestigeobjekt des größten Produzenten von Verkehrsflugzeugen, und seit dem Beginn der Flugerprobung entstand auf der Basis der ersten Serienversion ein Entwicklungsprogramm zur Steigerung der Transportkapazität und der Flugleistungen. Mit der Boeing 777-300 entstand bis jetzt die größte und schwerste Variante dieser Baureihe, sie begann am 16. Oktober 1997 mit der Flugerprobung. Gegenüber der Serie 200 hat die Serie 300 einen um 10,1 m verlängerten Rumpf, eine maximale Startmasse von anfangs knapp 300 t und eine erheblich verstärkte Zelle im tragenden Bereich. Nicht nur von ihrer Länge mit 73,8 m, sondern auch mit ihrer Startmasse wird die Boeing 777-300 in der näheren Zukunft der größte Twinjet weltweit bleiben.
Für den Antrieb der Serie 300 stehen die gleichen Triebwerkmarken wie für die Serie 200 zur Verfügung, allerdings mit einer auf 435 bis 450 kN gesteigerten Schubleistung. In einer Dreiklassen-Konfiguration bietet die Kabine der Boeing 777-300 Platz für 368 Passagiere, bei einer Zweiklassen-Auslegung für 478 Passagiere. Die erste Boeing 777-300 kam im Juni 1998 bei Cathay Pacific in Hongkong erstmals in den Liniendienst. In der Projektphase steht gegenwärtig die verstärkte Ausführung 777-300X mit einer maximalen Startmasse von 318 t und 1,4 m mehr Tragflügelspannweite. Für die Serie 300 gingen etwa 75 Bestellungen ein; etwa 35 wurden bis Ende 1998 ausgeliefert. An dem Bau der Boeing 777 sind zahlreiche ausländische Firmen beteiligt, die japanischen Firmen Fuji/Kawasaki/Mitsubishi – Heavy Industries sind zugleich Projektpartner und fertigen nahezu den ganzen Rumpf der 777. Boeing selber baut den Tragflügel, die Leitwerkflossen, den Vorderrumpf sowie die Triebwerkverkleidungen, übernimmt die Endmontage und das Einfliegen auf dem Werkflugplatz Everett. Interessant ist die Anordnung des Hauptfahrwerks der Boeing 777, es besteht aus je drei Achsen mit zwei Rädern pro Einheit, und diese Anordnung wird neben der 777 nur noch von der russischen Tupolew TU-154 verwendet.

Abmessungen und technische Daten: Boeing 777-300

Spannweite:	60,95 m	Rüstmasse:	155.750 kg
Länge:	73,82 m	max. Startmasse:	299.370 kg
Höhe:	18,55 m	max. Landemasse:	237.686 kg
Flügelfläche:	430,00 m²	max. Nutzmasse:	59.000 kg
Preis ca. Mill. US-$:	175,00	Tankkapazität:	171.150 l

Reisegeschwindigkeit:	900 km/h
Landegeschwindigkeit:	270 km/h
Dienstgipfelhöhe:	13.100 m
Startstrecke über 15 m Höhe:	3.600 m
Einsatzreichweite mit max. Nutzmasse:	7.900 km
Reichweite mit vollen Tanks:	10.600 km
Treibstoffverbrauch im Reiseflug:	9.000 l/h

Triebwerkanlage:	2 Mantelstromtriebwerke General Electric GE90 mit je 435 kN Standschub oder andere	
Kategorie:	Verkehrsflugzeug für Langstrecken, Passagiere 368 bis 478, Crew 2/12	
Hersteller:	Siehe Boeing 777-200	
Erstflug:	16. Oktober 1997	Gebaute Maschinen: 35
Foto:	Japan Airlines/Boeing 777-300	

BOEING MD-80-SERIE

USA

Unter der Typenbezeichnung DC-9 Super 80 entstand Mitte der 70er Jahre auf der Basis der bewährten Baureihe DC-9 eine erheblich vergrößerte und aufgewertete Nachfolgebaureihe dieser Kurz- und Mittelstreckenjets von McDonnell Douglas. Die erste Variante dieser neuen Baureihe ist die DC-9 Super 81, sie hat gegenüber der DC-9/30 einen um 8,7 m verlängerten Rumpf für maximal 172 Passagiere, ferner bekam der Tragflügel ein verstärktes Mittelteil und insgesamt 4 m mehr an Spannweite für eine auf 63,5 t gesteigerte maximale Startmasse. Der Antrieb der Super 81 besteht aus dem Turbofan JT8D-200 mit 82 kN Standschub, es ist eine erheblich modernisierte Ausführung des weitverbreiteten Triebwerktyps JT8D.

Die erste DC-9 Super 81 kam im Oktober 1980 bei der Swissair in den Liniendienst, sie hat voll besetzt knapp 3000 km Einsatzreichweite. Ab Herbst 1983 bekam die DC-9 Super 81 die neue Typenbezeichnung MD-81, das Markenzeichen MD löste die zuvor vertrauten Initialen DC – Douglas Commercial ab. Im Dezember 1984 kam die verstärkte Variante MD-82 erstmals in den Liniendienst, sie hat schubstärkere Turbofans von je 89 kN und 67,8 t maximale Startmasse. Die VR China erwarb die Lizenzrechte für den Bau von 50 MD-82 für den Inlandsbedarf, darunter auch die abgewandelte MD-82T mit einem größeren Hauptfahrwerk mit 8 Rädern zum Einsatz auf Regionalflugplätzen. Delta Air Lines bestellte 1986 die Variante MD-88 in 110 Exemplaren in einer Zweiklassen-Konfiguration mit 14/124 Sitzen; sie unterscheidet sich von der MD-82 durch eine aufgewertete Cockpitausrüstung mit Bildschirmanzeigen sowie durch ein neues Layout der Passagierkabine. Mit 72,6 t maximaler Flugmasse ist die MD-83 die schwerste Variante der Super Eighties und sie ist für Streckenlängen von etwa 4500 km optimiert. Die MD-87 hat gegenüber den anderen Varianten der 80er-Serie einen um 5,3 m gekürzten Rumpf für 105 bis 130 Passagiere, ihre maximale Startmasse beträgt 63,5 t oder als Option 67,8 t. Sie wurde hauptsächlich von europäischen Airlines gekauft; insgesamt wurden etwa 150 Einheiten gebaut. Nach dem Bau von etwa 1200 Einheiten, wird die Produktion der MD-80-Serie voraussichtlich im Jahre 2000 eingestellt.

Abmessungen und technische Daten: Boeing MD-83

Spannweite:	32,87 m	Rüstmasse:	37.100 kg
Länge:	45,08 m	max. Startmasse:	72.575 kg
Höhe:	9,05 m	max. Landemasse:	63.277 kg
Flügelfläche:	118,80 m²	max. Nutzmasse:	16.200 kg
Preis ca. Mill. US-$:	35,00	Tankkapazität:	26.500 l

Reisegeschwindigkeit:	900 km/h
Landegeschwindigkeit:	265 km/h
Dienstgipfelhöhe:	11.200 m
Startstrecke über 15 m Höhe:	2.600 m
Einsatzreichweite mit max. Nutzmasse:	4.200 km
Reichweite mit vollen Tanks:	5.500 km
Treibstoffverbrauch im Reiseflug:	3.900 l/h

Triebwerkanlage:	2 Mantelstromtriebwerke Pratt & Whitney JT8D-219 mit je 93,5 kN Standschub	
Kategorie:	Verkehrsflugzeug für Mittelstrecken, Passagiere 142–172, Crew 2/4	
Hersteller:	(Boeing) Douglas Products Division, Werk Long Beach, USA	
Erstflug:	18. Oktober 1978	Gebaute Maschinen: 1.200
Foto:	Iberia/MD-87	

IBERIA

BOEING MD-90-SERIE

USA

Auf der Basis der Baureihe MD-80 entstand Anfang der 90er Jahre die neue Baureihe MD-90. Wesentliche Neuerungen der MD-90-Serie betreffen den Antrieb mit dem fortschrittlichen Mantelstromtriebwerk IAE V2500, eine Rumpfstreckung um weitere 1,2 m und eine up-to-date-Avionik. Die Bauentscheidung für die MD-90 fiel im November 1989, nach einer Bestellung von 31 Maschinen durch Delta Air Lines aus Atlanta plus 106 Optionen.
Delta Air Lines stellte die erste MD-90 im April 1995 in den Liniendienst, in einer Zweiklassen-Konfiguration mit 12/138 Passagiersitzen. Die Basisversion MD-90/30 hat 70,8 t maximale Startmasse und mit 153 Passagieren etwa 4200 km Einsatzreichweite. Bei der aufgewerteten Variante MD-90/50 beträgt die maximale Startmasse 78,3 t und die Einsatzreichweite mit 153 Passagieren etwa 5500 km. Für den Chartereinsatz wurde die Variante MD-90/55 optimiert, sie bietet bei enger Bestuhlung Platz für 187 Passagiere und ist mit zwei zusätzlichen Notausgängen ausgerüstet. Im April 1997 kam die MD-90/30ER erstmals zur Auslieferung, sie hat 76,2 t maximale Startmasse und 4600 km Reichweite bei voller Nutzmasse. Die Baureihe MD-90 konnte nicht mehr an den Erfolg der MD-80-Serie anknüpfen, deswegen wird die Produktion wahrscheinlich im Jahre 2000 eingestellt, nach dem Bau von knapp 100 Maschinen. Neben Delta Air Lines mit 31 Maschinen, ist die Gesellschaft Saudia mit 29 Exemplaren der zweitgrößte Abnehmer des Musters, SAS ist der einzige Betreiber der MD-90 in Europa mit einer Sitzversion von 19/104.
Nach einer erfolglosen Projektentwicklung im militärischen und zivilen Bereich, wurde der MD-Konzern 1997 von Boeing für 13,3 Milliarden US-Dollar aufgekauft. Damit wuchs die Boeing Company auf etwa 225.000 Beschäftigte mit einem Jahresumsatz von rund 50 Milliarden US-Dollar. Die Jetliner MD-11, MD-80 und MD-90 werden bis zum Jahr 2000 ganz aus der Produktion genommen.

Abmessungen und technische Daten: Boeing MD-90/30ER

Spannweite:	32,87 m	Rüstmasse:	41.600 kg
Länge:	45,50 m	max. Startmasse:	76.205 kg
Höhe:	9,35 m	max. Landemasse:	68.039 kg
Flügelfläche:	112,50 m²	max. Nutzmasse:	16.200 kg
Preis ca. Mill. US-$:	50,00	Tankkapazität:	28.845 l

Reisegeschwindigkeit:	880 km/h
Landegeschwindigkeit:	260 km/h
Dienstgipfelhöhe:	11.600 m
Startstrecke über 15 m Höhe:	3.300 m
Einsatzreichweite mit max. Nutzmasse:	4.600 km
Reichweite mit vollen Tanks:	5.800 km
Treibstoffverbrauch im Reiseflug:	3.400 l/h

Triebwerkanlage:	2 Mantelstromtriebwerke IAE V2528 mit je 120 kN Standschub	
Kategorie:	Verkehrsflugzeug für Mittelstrecken, Passagiere 150–178, Crew 2/4	
Hersteller:	(Boeing) Douglas Products Division, Werk Long Beach, USA	
Erstflug:	22. Februar 1993	Gebaute Maschinen: 100
Foto:	JAS/MD-90/30 von JAS aus Japan	

JAS
MD 90
JA8064

BOEING MD-11 USA

Das dreistrahlige Langstreckenverkehrsflugzeug MD-11 ist eine Entwicklung des ehemaligen Luftfahrtkonzerns McDonnell Douglas, und nach seiner Übernahme durch Boeing wird das Muster hauptsächlich in der Frachtvariante MD-11F weitergebaut.

Anfang der 80er Jahre begann McDonnell Douglas mit den Projektstudien für ein vergrößertes und modernisiertes Nachfolgemuster für den erfolgreichen Langstreckenjet DC-10. Im Dezember 1986 wurde der endgültige Entwurf unter der Typenbezeichnung MD-11 vorgestellt, und kurz darauf begann der Bau des Prototypen. Die MD-11 basiert weitgehend auf der DC-10, mit einem um 5,66 m verlängerten Rumpf, einem modifizierten Tragflügel mit Winglets sowie einer generellen Verstärkung der Zelle für die höhere Startmasse von maximal 286 t. Für den Antrieb der MD-11 stehen je nach Betreiberoption die Mantelstromtriebwerke CF6-80C2 oder PW4460 mit einer Schubleistung von 267 bis 274 kN zur Verfügung. Ferner bekam die MD-11 eine moderne Cockpit-Technologie für den Betrieb mit zwei Piloten, und auch die Passagierkabine erhielt ein modernes Design mit größeren Gepäckablagen. Je nach Ausstattung, bietet die MD-11 Platz für 236 bis 398 Passagiere, bei der Swissair z. B. mit 18/72/146 Sitzen im Dreiklassen-Layout. Im Dezember 1990 kam die erste MD-11 bei Finnair in den Liniendienst, und weitere europäische Abnehmer wurden Alitalia, KLM, LTU und Martinair. Der Basisversion folgte die Variante MD-11ER mit 680 kg weniger Eigenmasse und einem zusätzlichen Treibstofftank für 11.350 l im Bereich des hinteren Laderaums. Erstkunde war 1996 World Airways. Die MD-11 wird in vier Ausführungen angeboten: der reinen Passagierversion, der Kombi-Version für den gemischten Passagier-/Frachteinsatz, der reinen Frachtversion und der schnell umrüstbaren Variante Convertible Freighter. Bis auf die Passagiervarianten, haben alle anderen Varianten ein großes Ladetor vorne im Rumpf, die Frachtvariante MD-11F hat eine maximale Nutzmasse von etwa 90 t bei etwa 7700 km Einsatzreichweite. Lufthansa Cargo hat 8 MD-11F bestellt, und die erste kam im Sommer 1998 in den Einsatz. Von den rund 185 ausgelieferten MD-11 stehen weltweit schon über 60 Einheiten im Frachteinsatz. Im Jahre 2000 wird Boeing die Produktion der MD-11 einstellen.

Abmessungen und technische Daten: Boeing MD-11ER

Spannweite:	51,70 m	Rüstmasse:	130.500 kg
Länge:	61,20 m	max. Startmasse:	285.955 kg
Höhe:	17,60 m	max. Landemasse:	195.045 kg
Flügelfläche:	339,50 m²	max. Nutzmasse:	51.000 kg
Preis ca. Mill. US-$:	115,00	Tankkapazität:	146.312 l

Reisegeschwindigkeit:	900 km/h
Landegeschwindigkeit:	260 km/h
Dienstgipfelhöhe:	12.000 m
Startstrecke über 15 m Höhe:	3.500 m
Einsatzreichweite mit max. Nutzmasse:	10.500 km
Reichweite mit vollen Tanks:	12.500 km
Treibstoffverbrauch im Reiseflug:	9.500 l/h

Triebwerkanlage:	3 Mantelstromtriebwerke General Electric CF6-80C2D1F mit je 274 kN Standschub	
Kategorie:	Verkehrsflugzeug für Langstrecken, Passagiere 236–398, Crew 2/10	
Hersteller:	Boeing, Douglas Products Division, Werk Long Beach, USA	
Erstflug:	10. Januar 1990	Gebaute Maschinen: 185
Foto:	Thai Airways International/MD-11ER	

BOMBARDIER/CANADAIR REGIONAL JET 200 — Kanada

Das schnell wachsende regionale Streckennetz, hauptsächlich in Europa und USA, sowie gestiegene Anforderungen an den Passagierkomfort auf diesen Strecken, führten bei der kanadischen Firma Canadair zur Entwicklung des ersten 50sitzigen Regionaljets. Programmstart für den Canadair Regional Jet – CRJ war im März 1989, die Entwicklungskosten wurden auf knapp 300 Millionen US-$ veranschlagt. Der CRJ wurde für Strecken ab etwa 750 km Länge bis etwa 2000 km Länge optimiert, denn in diesem Streckenbereich sind Turboprops wegen ihrer Geschwindigkeit benachteiligt, und größere Muster wie z. B. die Boeing 737, mit mindestens 100 Passagiersitzen sind hier mit einer Auslastung von nur 50% nicht wirtschaftlich einsetzbar.
Um das Projekt zu beschleunigen und Kosten zu sparen, entstand der CRJ auf der Basis des erfolgreichen Geschäftsreisejets Canadair Challenger. Gegenüber dem Challenger erhielt der CRJ einen um 6,1 m verlängerten Rumpf, ferner eine Erweiterung der Tragflügelspannweite um 1,8 m, eine generelle Verstärkung der Zellenstruktur sowie der Betriebssysteme und schubstärkere Triebwerke. Aus Festigkeitsgründen ist die tragende Struktur des Flügels aus einem Stück gefertigt, die Hohlräume dienen als Integraltank mit 5300 l Inhalt.
Der erste CRJ kam am 2. November 1992 bei Lufthansa CityLine in den Regionalverkehr, und das Unternehmen wird Anfang 1999 insgesamt 34 Maschinen im Einsatz haben. Der Basisversion CRJ 100, mit 21,5 t maximaler Startmasse und etwa 1900 km Reichweite, folgten die aufgewerteten Varianten CRJ 100ER mit 23,1 t Startmasse sowie CRJ 100 LR mit 24 t Startmasse. Später wurde die Produktion der drei erwähnten Varianten auf die Serie 200 umgestellt. Für den Einsatz als Business Jet entstand die Variante Canadair Special Edition, sie hat gegenüber dem CRJ eine höhere Tankkapazität (10.375 l) für 5770 km Reichweite und eine komfortable Kabineneinrichtung für 14 bis 19 Fluggäste; fünf Einheiten sind bereits verkauft worden.
Im Oktober 1997 verließ der 200. CRJ die Montagehalle in Montreal und etwa 200 weitere Einheiten sind noch bestellt. Comair aus den USA ist mit 68 Einheiten der größte Betreiber des Musters.

Abmessungen und technische Daten: CRJ 200LR

Spannweite:	21,21 m	Rüstmasse:	14.400 kg
Länge:	26,77 m	max. Startmasse:	24.040 kg
Höhe:	6,22 m	max. Landemasse:	21.319 kg
Flügelfläche:	48,35 m²	max. Nutzmasse:	5.800 kg
Preis ca. Mill. US-$:	22,00	Tankkapazität:	8.100 l

Reisegeschwindigkeit:	825 km/h
Landegeschwindigkeit:	210 km/h
Dienstgipfelhöhe:	12.500 m
Startstrecke über 15 m Höhe:	2.000 m
Einsatzreichweite mit max. Nutzmasse:	2.500 km
Reichweite mit vollen Tanks:	4.400 km
Treibstoffverbrauch im Reiseflug:	1.250 l/h

Triebwerkanlage:	2 Mantelstromtriebwerke General Electric CF34-3B1 mit je 41 kN Standschub	
Kategorie:	Verkehrsflugzeug für Regionalstrecken, Passagiere 50, Crew 2/2	
Hersteller:	Bombardier Aerospace Inc./Canadair, Werk Montreal, Kanada	
Erstflug:	10. Mai 1991	Gebaute Maschinen: 270
Foto:	Bombardier/Canadair RJ200 von South African Express	

SOUTH AFRICAN
EXPRESS

BOMBARDIER/CANADAIR REGIONALJET 700 — Kanada

Unter der Projektbezeichnung CRJ-X, wurde von Canadair seit mehreren Jahren eine gestreckte Ausführung auf der Basis des bereits erfolgreich eingesetzten Musters CRJ 100/200 untersucht. Nach einem erfolgreichen Marketing, mit den ersten Festbestellungen, kam im Januar 1997 für die gestreckte Ausführung der offizielle Programmstart, und die neue Typenbezeichnung Canadair Regional Jet Serie 700 – CRJ 700. Der CRJ 700 wird in zwei Sitzvarianten angeboten, dem CRJ 700A mit 70 Sitzen sowie dem CRJ 700 B mit 72 bis78 Sitzen, und von beiden Varianten wird eine Normalversion und eine ER-Variante mit höheren Startmassen sowie mit mehr Reichweite offeriert.
Der CRJ 700A wird bei einer maximalen Startmasse von 32,9 t etwa 3100 km Reichweite besitzen, die ER-Ausführung bietet bei 34 t maximaler Startmasse bis zu 3760 km Reichweite. Der CRJ 700B besitzt mit 74 Passagieren 2880 km Reichweite bzw. 3500 km in der ER-Variante. Gegenüber dem jetzigen CRJ 200, wird der Kabinenboden des CRJ 700 um 2,5 cm abgesenkt, dadurch erreicht man eine Stehhöhe in der Kabine von 1,88 m und mehr Volumen; die Sitzanordnung 2 plus 2 Sitze je Reihe bleibt die gleiche wie bei allen CRJs. Die Betriebsmassen sowie die Abmessungen gegenüber dem CRJ 200, sind bei CRJ 700 erheblich gesteigert, der Rumpf wurde um 4,72 m gestreckt, die Tragflügelspannweite um 1,8 m, das Höhenleitwerk hat etwa 70% mehr Fläche und das Fahrwerk ist eine Neukonstruktion. Für den Antrieb des über 34 t schweren CRJ 700 wird der Turbofan CF34–8C1 mit 56,7 kN Standschub verwendet. Der Entwicklungsplan für den CRJ 700 sieht den Erstflug im Sommer 1999 vor und die Auslieferung an die Erstkunden soll noch vor Ende des Jahres 2000 beginnen. Für das Muster lagen bis Ende 1998 etwa 120 Bestellungen und Optionen vor, davon 25 Festbestellungen sowie 25 Optionen von American Eagle. Am Bau aller CRJs sind etwa 250 Zulieferfirmen beteiligt, der Mittelrumpf wird von der Bombardier-Tochterfirma Shorts in Nordirland gefertigt, Mitsubishi aus Japan fertigt das ganze Rumpfheck und von Canadair kommt der Tragflügel sowie die Cockpit-Sektion dazu. Canadair ist ein Mitglied der Bombardier Regional Aircraft Division.

Abmessungen und technische Daten: CRJ 700ER

Spannweite:	23,01 m	Rüstmasse:	20.500 kg
Länge:	32,41 m	max. Startmasse:	34.020 kg
Höhe:	7,30 m	max. Landemasse:	30.391 kg
Flügelfläche:	68,63 m^2	max. Nutzmasse:	8.000 kg
Preis ca. Mill. US-$:	29,00	Tankkapazität:	11.550 l

Reisegeschwindigkeit:	815 km/h
Landegeschwindigkeit:	225 km/h
Dienstgipfelhöhe:	12.500 m
Startstrecke über 15 m Höhe:	1.700 m
Einsatzreichweite mit max. Nutzmasse:	2.400 km
Reichweite mit vollen Tanks:	4.400 km
Treibstoffverbrauch im Reiseflug:	1.700 l/h

Triebwerkanlage:	2 Mantelstromtriebwerke General Electric CF34–8C1 mit je 56,7 kN Standschub	
Kategorie:	Verkehrsflugzeug für Kurz- und Mittelstrecken, Passagiere 70–78, Crew 2/3	
Hersteller:	siehe CRJ 200	
Erstflug:	1999	Gebaute Maschinen: keine
Foto:	Bombardier/CRJ 700 in den Farben von Brit Air aus Frankreich	

BRIT AIR
BRIT AIR

BOMBARDIER/D. H. DASH 8Q SERIES 100/200 **Kanada**

1980 begann bei der Firma de Havilland of Canada die Entwicklung einer modernen Baureihe von Zubringerflugzeugen mit Turboprop-Antrieb, die den Markennamen DASH 8 erhielten. Beim Entwurf dieser Baureihe waren die Kriterien Passagierkomfort, hohe Reisegeschwindigkeit (500 km/h), robuste Bauweise, gute STOL-Eigenschaften, Wirtschaftlichkeit sowie Umweltverträglichkeit die wichtigsten. Für den Antrieb der Dash 8 wählte man die neue Generation von Turboprops der Serie PW120, ausgerüstet mit geräuscharmen Luftschrauben. Das Basismodell Dash 8-100 begann im Juni 1983 mit der Flugerprobung, und es wurde im Dezember 1984 von der kanadischen Regionalgesellschaft norOntair erstmals in den Passagierdienst gestellt. Die Serie 100 hat 2 Propellerturbinen PW120 mit je 1471 kW Startleistung, 15,7 t maximale Startmasse und 1400 km Reichweite bei voller Besetzung mit 37 Passagieren. 1992 folgte die aufgewertete Variante Dash 8-100B mit stärkeren Motoren PW121 mit je 1581 kW Startleistung, mit 16,5 t Startmasse und 1750 km Reichweite. Im April 1995 kam die Variante Dash 8-200 erstmals in den Liniendienst, sie kombiniert die Zelle der Serie 100 mit dem stärkeren Antrieb der Serie 300, und sie hat neben besseren Startleistungen auch eine um 46 km/h höhere Reisegeschwindigkeit. Für den Einsatz bei extrem hohen Außentemperaturen sowie auf hochgelegenen Flugplätzen ist die Dash 8-200B optimiert, ihr Antrieb besteht aus einer modifizierten Variante des PW123. Neuere Maschinen aus der Dash-8-Baureihe tragen die Typenbezeichnung Dash 8Q (Q = quiet, leise). Mit einer besonderen Technologie hat de Havilland den Lärmpegel und die typische Vibration bei Propellerflugzeugen in den Kabinen der seit 1996 ausgelieferten Dash 8 merklich senken können.

Von der Serie 100 wurden etwa 300 Maschinen ausgeliefert, während die Serie 200 knapp 100 Verkäufe aufweisen kann. Der dominierende Markt für das Muster sind die USA, mit den beiden größten Betreibern USAir Express mit 66 Maschinen und Horizon Air mit 46 Maschinen. An zweiter Stelle folgt der Markt in Kanada, und in Europa hat die norwegische Gesellschaft Wideroe eine beachtliche Flotte von 15 Dash 8-100.

Abmessungen und technische Daten: Dash 8Q-200B

Spannweite:	25,90 m	Rüstmasse:	10.700 kg
Länge:	22,30 m	max. Startmasse:	16.466 kg
Höhe:	7,49 m	max. Landemasse:	15.649 kg
Flügelfläche:	54,30 m²	max. Nutzmasse:	4.200 kg
Preis ca. Mill. US-$:	12,50	Tankkapazität:	3.160 l

Reisegeschwindigkeit:	546 km/h
Landegeschwindigkeit:	180 km/h
Dienstgipfelhöhe:	7.620 m
Startstrecke über 15 m Höhe:	1.000 m
Einsatzreichweite mit max. Nutzmasse:	1.750 km
Reichweite mit vollen Tanks:	2.200 km
Treibstoffverbrauch im Reiseflug:	650 l/h

Triebwerkanlage:	2 Propellerturbinen Pratt & Whitney of Canada PW123D mit je 1.581 kW Startleistung	
Kategorie:	Verkehrsflugzeug für Regionalstrecken, Passagiere 37–39, Crew 2/1	
Hersteller:	Bombardier/de Havilland, Werk Downsview, Kanada	
Erstflug:	20. Juni 1983	Gebaute Maschinen: 400
Foto:	Bombardier/Dash 8Q-300 von Tyrolean Airways	

The Sounds of Silence
tyrolean

BOMBARDIER/D. H. DASH 8Q-300/400 — Kanada

Mit der Dash 8-300 baute de Havilland of Canada 1987 die populäre Marke der Zubringerflugzeuge zu einer 50sitzigen Variante aus. Die Serie 300 hat gegenüber der Basisversion einen um 3,4 m verlängerten Rumpf, die Tragflügelspannweite erhielt ein Plus von 1,5 m, und wegen der anfangs auf 18,6 t gesteigerten Startmasse war eine Strukturverstärkung der Zelle notwendig. Für den Antrieb verwendet man die leistungsgesteigerte Ausführung des Turboprops PW123 mit je 1750 kW Startleistung. Die Standardkonfiguration in der 12,6 m langen Kabine der Serie 300 ist für 50 Passagiere, bei einer verkleinerten Bordküche und einem verkleinerten Laderaum auf sehr kurzen Strecken ist auch eine Ausführung mit 56 Sitzen möglich.
Das Gesamtvolumen der beiden Laderäume beträgt 9,1 m³. Die Dash 8-300 kam im Frühjahr 1989 bei der kanadischen Regionalgesellschaft Time Air in den Liniendienst. Bei der verstärkten Ausführung Dash 8-300B wurde die maximale Startmasse auf 19,5 t angehoben und die Triebwerkleistung auf je 1838 kW. Von der Serie 300 stehen weltweit knapp 150 Maschinen im Einsatz und Tyrolean Airways aus Innsbruck hat mit 12 Maschinen eine der größten Flotten dieses Musters.
Im Juni 1995 gab de Havilland of Canada den Bau der größten Variante Dash 8-400 bekannt. Die Serie 400 zählt zur Kategorie der 70sitzigen Muster, und bemerkenswert ist ihre hohe Reisegeschwindigkeit von knapp 650 km/h. Gegenüber der Serie 300 hat die Serie 400 einen um 6,84 m verlängerten Rumpf, etwa 1 m mehr Tragflügelspannweite und stärkere Turboprops PW150A in der Leistungsklasse von 3700 kW. Die neue Variante wird in zwei Kabinenausführungen angeboten, der Serie 400A für 70 Passagiere und der Serie 400B mit 72 bis 78 Sitzen. Die maximale Startmasse beträgt 27,3 t bei der Basisausführung, 28 t bei der verstärkten Variante und als Option 28,7 t. Mit der Flugerprobung der Dash 8-400 wurde im Januar 1998 in Toronto begonnen, und Anfang 1999 sollen die ersten Einheiten in den Liniendienst kommen. Für das Muster gingen etwa 50 Bestellungen ein, davon 15 von der SAS Commuter aus Skandinavien, und 4 von Tyrolean Airways.

Abmessungen und technische Daten: Dash 8Q-400

Spannweite:	28,42 m	Rüstmasse:	16.900 kg
Länge:	32,80 m	max. Startmasse:	28.690 kg
Höhe:	8,34 m	max. Landemasse:	27.443 kg
Flügelfläche:	63,10 m²	max. Nutzmasse:	8.250 kg
Preis ca. Mill. US-$:	21,00	Tankkapazität:	6.700 l

Reisegeschwindigkeit:	648 km/h
Landegeschwindigkeit:	190 km/h
Dienstgipfelhöhe:	7.620 m
Startstrecke über 15 m Höhe:	1.400 m
Einsatzreichweite mit max. Nutzmasse:	1.800 km
Reichweite mit vollen Tanks:	2.400 km
Treibstoffverbrauch im Reiseflug:	1.200 l/h

Triebwerkanlage:	2 Propellerturbinen Pratt & Whitney of Canada PW150A mit je 3.729 kW Startleistung
Kategorie:	Verkehrsflugzeug für Regionalstrecken, Passagiere 70–78, Crew 2/3
Hersteller:	Siehe Dash 8Q-200
Erstflug:	31. Januar 1998 — Gebaute Maschinen: 5
Foto:	Bombardier/Dash 8Q-400 in den neuen Farben von SAS Commuter

SAS
Scandinavian
Commuter
Scandinavian

EMBRAER EMB-120 BRASILIA

Brasilien

EMBRAER – Empresa Brasileira de Aeronautica SA mit seinem Firmensitz in der Nähe von São Paulo, ist der führende Flugzeugproduzent in Südamerika. Das Unternehmen wurde in den 70er Jahren mit seinem Mehrzweckflugzeug Bandeirante (Pionier) international bekannt. Aufbauend auf den Erfahrungen mit der Bandeirante entstand die moderne Turboprop EMB-120 Brasilia für 28 Passagiere. Die Brasilia wurde maßgeschneidert für die gestiegenen Ansprüche der Regionalgesellschaften in den 80er Jahren, und sie war bei ihrer Indienststellung im Herbst 1985, zusammen mit dem schwedischen Konkurrenzmuster Saab 340, der modernste Typ in dieser Kategorie.
Zu den gestiegenen Anforderungen zählten eine druckbelüftete Kabine, ferner eine Reisegeschwindigkeit von etwa 550 km/h, ein geringer Geräuschpegel und eine gute Wirtschaftlichkeit.
Für den Antrieb der Brasilia wählte man die moderne Propellerturbine PW118 aus dem Hause Pratt & Whitney of Canada, die neben einer hohen Wirtschaftlichkeit, dank der sichelförmig geformten Propeller auch einen geringen Geräuschpegel garantiert. Die Brasilia kam bei der US-Regionalgesellschaft ASA – Atlantic Southeast Airlines erstmals in den Passagiereinsatz, und die Gesellschaft hat heute mit 60 Einheiten die größte Flotte dieses Musters. Der US-Regionalmarkt wurde für die Brasilia der lukrativste, denn dorthin verkaufte man etwa 65% aller gebauten Maschinen. Der Basisversion mit 11,5 t maximale Startmasse, folgte 1991 die verstärkte Ausführung EMB-120ER mit 12 t maximale Startmasse und 1650 km Reichweite bei voller Besetzung. Im Sommer 1994 kam die EMB-120ER Advanced auf den Markt, sie weist eine Reihe von Detailverbesserungen auf, u. a. hat sie ein neues Kabinen-Layout, eine bessere Lärmdämmung des Rumpfes und mehr Kapazität im Laderaum (700 kg). Für den gemischten Passagier-/Frachteinsatz und den reinen Frachtverkehr wird das Muster auch mit einem großen Ladetor angeboten. Bis Ende 1998 kam die Brasilia auf knapp 350 ausgelieferte Maschinen, die für etwa 30 Kunden in 13 Ländern bestimmt waren. Die Produktion des Musters dürfte in etwa zwei Jahren auslaufen, denn Embraer hat mit der ERJ-135 bereits einen modernen Nachfolger entwickelt.

Abmessungen und technische Daten:

Spannweite:	19,78 m	Rüstmasse:	7.200 kg
Länge:	20,00 m	max. Startmasse:	12.000 kg
Höhe:	6,35 m	max. Landemasse:	11.250 kg
Flügelfläche:	39,43 m²	max. Nutzmasse:	3.100 kg
Preis ca. Mill. US-$:	10,50	Tankkapazität:	3.300 l

Reisegeschwindigkeit:	555 km/h
Landegeschwindigkeit:	190 km/h
Dienstgipfelhöhe:	9.250 m
Startstrecke über 15 m Höhe:	1.500 m
Einsatzreichweite mit max. Nutzmasse:	1.400 km
Reichweite mit vollen Tanks:	2.200 km
Treibstoffverbrauch im Reiseflug:	550 l/h

Triebwerkanlage:	2 Propellerturbinen Pratt & Whitney of Canada PW118A mit je 1.324 kW Startleistung	
Kategorie:	Verkehrsflugzeug für Regionalstrecken, Passagiere 28, Crew 2/1	
Hersteller:	EMBRAER, Werk São José dos Campos. Brasilien	
Erstflug:	27. Juli 1983	Gebaute Maschinen: 350
Foto:	Embraer/EMB-120 der Regionalgesellschaft Penta aus Brasilien	

EMBRAER ERJ-135 **Brasilien**

Nach umfangreichen Marktanalysen für einen Regionaljet in der Kategorie von 30 bis 40 Passagiersitzen, gab Embraer im September 1997 den Programmstart für das Muster ERJ-135 bekannt. Der ERJ-135 hat eine Standard-Kapazität für 37 Passagiere, und er steht damit in Konkurrenz mit dem amerikanischen-deutschen Muster Fairchild Dornier 328JET.
Im Prinzip ist der ERJ-135 eine um 7,9 m gekürzte Ausführung aus dem bereits erfolgreich eingesetzten ERJ-145, dadurch betragen die Entwicklungskosten nur etwa 100 Millionen US-$ und das Entwicklungsprogramm kann kurz gehalten werden. Ferner ist Embraer mit diesem baugleichen Familien-Konzept der Typen ERJ-135/ERJ-145 der erste Anbieter in dieser Kategorie, verbunden mit allen betrieblichen Vorteilen für die Käufer dieser Baureihe. Der ERJ-135 übernimmt die Sitzanordnung von dem ERJ-145, mit 2 plus 2 Sitzen je Reihe, die Kabine ist 2,1 m breit und 1,82 m hoch. Für die Flugerprobung wurden die beiden Prototypen der ERJ-145 umgebaut, wobei man aus der ursprünglichen Rumpflänge ein 3,07 m langes und ein 4,86 m langes Segment entfernte. Für den Antrieb verwendet man ebenfalls den Turbofan von der ERJ-145, allerdings die Variante AE3007-A3 mit 5% weniger Schub gegenüber der größeren Variante. Mit der Flugerprobung der ERJ-135 wurde im Juli 1998 begonnen und der erste Prototyp machte auf der Farnborough Air Show sein erstes öffentliches Debüt im Ausland. Den Passagierdienst soll das Muster Ende des Sommer 1999 beginnen. Für die ERJ-135 lagen zum Zeitpunkt des Erstfluges bereits 65 feste Bestellungen und 125 Optionen vor. Diese Zahlen dürften sich bald rasch nach oben bewegen, denn der Markt in Nordamerika benötigt in dieser Kategorie in den nächsten fünf Jahren etwa 500 Einheiten. Daneben dürfte das Muster auch als Geschäftsreisejet für 10 bis 12 Reisende einen guten Absatz finden.
Nach der Privatisierung von Embraer im Jahre 1994, sank die Zahl der Beschäftigten von ursprünglich 9000 auf gegenwärtig etwa 5500, und das Unternehmen kam 1997 wieder in die Gewinnzone.

Abmessungen und technische Daten: ERJ-135ER

Spannweite:	20,04 m	Rüstmasse:	11.100 kg
Länge:	21,94 m	max. Startmasse:	20.000 kg
Höhe:	6,75 m	max. Landemasse:	18.500 kg
Flügelfläche:	49,00 m²	max. Nutzmasse:	4.400 kg
Preis ca. Mill. US-$:	12,00	Tankkapazität:	5.215 l

Reisegeschwindigkeit:	800 km/h
Landegeschwindigkeit:	220 km/h
Dienstgipfelhöhe:	11.200 m
Startstrecke über 15 m Höhe:	1.400 m
Einsatzreichweite mit max. Nutzmasse:	2.600 km
Reichweite mit vollen Tanks:	3.100 km
Treibstoffverbrauch im Reiseflug:	1.100 l/h

Triebwerkanlage:	2 Mantelstromtriebwerke Rolls-Royce/Allison AE3007-A3 mit je 31,5 kN Standschub	
Kategorie:	Verkehrsflugzeug für Regionalstrecken, Passagiere 37, Crew 2/1	
Hersteller:	Siehe ERJ-145	
Erstflug:	4. Juli 1998	Gebaute Maschinen: 5
Foto:	Embraer/Prototyp ERJ-135 zusammen mit dem Prototyp ERJ-145 im Hintergrund	

ERJ-145
EMBRAER
ERJ-135

EMBRAER ERJ-145

Brasilien

Mit dem Regionaljet ERJ-145 entstand bei Embraer das erste in Südamerika entwickelte Verkehrsflugzeug mit Strahltriebwerken, und es ist gleichzeitig das erste Konkurrenzmuster zum kanadischen CRJ 200 von Canadair. Das im Sommer 1989 von Embraer angekündigte Projekt trug die ursprüngliche Bezeichnung EMB-145, und bis zu seiner endgültigen Auslegung in der gegenwärtigen Form, hatte es mehrere Layout-Phasen. Ferner lag die Entwicklungszeit der EMB-145 in der Reorganisationsphase von Embraer, von einem starren Staatsbetrieb zu einem modernen Unternehmen mit unternehmerischem Spielraum. Der Rumpf der EMB-145 basiert auf dem der EMB-120 mit einer Verlängerung um etwa 9 m sowie einer Verstärkung für Flughöhen bis 12.500 m.

Für den Antrieb wählte man das Up-to-date-Mantelstromtriebwerk Allison AE3007A mit 31 kN Standschub, das einen erstaunlich geringen Geräuschpegel aufweist. Die EMB-145 besteht aus genau 19.518 Bauteilen, und zahlreiche Komponenten sind aus gewichtssparenden Verbundwerkstoffen hergestellt. Am Bau der EMB-145 beteiligen sich etwa 15 internationale Firmen, darunter Enaer aus Chile, wo das Leitwerk gefertigt wird, ferner Sonaca aus Belgien, verantwortlich für 25% der Rumpfstruktur, Gamesa aus Spanien baut den Tragflügel und die Triebwerkgondeln, und die Liebherr Aero aus Deutschland fertigt das Bugfahrwerk.

Die Kabine der EMB-145 ist für 48 bis 50 Passagiere ausgestattet, das Laderaumvolumen beträgt 9,2 m^3. Nach einer problemlosen Flugerprobung, kam die erste EMB-145 im Dezember 1996 in den Regionaldienst, anfangs mit einer maximalen Startmasse von 19,2 t. Im Oktober 1997 änderte Embraer das Markenzeichen für seine Regionaljets, aus der EMB-145 entstand die neue Typenbezeichnung ERJ-145, ERJ – Embraer Regional Jet.

1998 kamen die verstärkten Varianten ERJ-145MR/ERJ-145LR auf den Markt, sie haben eine maximale Startmasse von 22 t und vollbesetzt knapp 3000 km Reichweite.

Im April 1998 wurde der 50. ERJ-145 ausgeliefert, für das Muster liegen etwa 200 feste Bestellungen vor und etwa 250 Optionen. Zu den größten Abnehmern zählen Continental Express mit 50 Bestellungen sowie American Eagle mit 42 Bestellungen.

Abmessungen und technische Daten: ERJ-145ER

Spannweite:	20,04 m	Rüstmasse:	12.100 kg
Länge:	29,87 m	max. Startmasse:	22.000 kg
Höhe:	6,75 m	max. Landemasse:	19.300 kg
Flügelfläche:	49,00 m^2	max. Nutzmasse:	5.200 kg
Preis ca. Mill. US-$:	20,00	Tankkapazität:	5.215 l

Reisegeschwindigkeit:	790 km/h
Landegeschwindigkeit:	220 km/h
Dienstgipfelhöhe:	11.200 m
Startstrecke über 15 m Höhe:	1.900 m
Einsatzreichweite mit max. Nutzmasse:	2.800 km
Reichweite mit vollen Tanks:	3.100 km
Treibstoffverbrauch im Reiseflug:	1.200 l/h

Triebwerkanlage:	2 Mantelstromtriebwerke Rolls-Royce/Allison AE3007A mit je 33,2 kN Standschub
Kategorie:	Verkehrsflugzeug für Regionalstrecken, Passagiere 48–50, Crew 2/1
Hersteller:	Embraer, Werk São José dos Campos, Brasilien
Erstflug:	11. August 1995 — Gebaute Maschinen: 100
Foto:	Embraer/ERJ-145 von City Airline aus Schweden

city to city
SE-DZA
PT-SAO
cityAirline

FAIRCHILD METRO

USA

Die superschlanke Fairchild Metro zählte zu den ersten Zubringerflugzeugen mit einer Druckkabine und einer hohen Reisegeschwindigkeit von etwa 500 km/h. Sie entstand auf der Basis des Geschäftsreiseflugzeuges Swearingen Merlin mit einem erheblich verlängerten Rumpf für 19 Passagiere. Schöpfer beider Muster war der bekannte Konstrukteur Ed Swearingen. Die Metro hat einen Rumpfdurchmesser von 1,66 m, die Kabine ist 1,45 m hoch und hat je einen Sitz pro Reihe. Die Basisversion der Metro kam im Frühjahr 1971 bei Air Wisconsin erstmals in den Liniendienst, sie hat eine maximale Startmasse von 5,6 t und ist an den runden Kabinenfenstern von den Nachfolgevarianten zu unterscheiden. 1972 erwarb Fairchild Industries die Produktions- und Verkaufsrechte für die Metro, die Produktion blieb aber im Werk San Antonio, Texas.
1975 kam die verbesserte Ausführung Metro II auf den Markt, sie hat erstmals vergrößerte, rechteckige Kabinenfenster und eine neugestaltete Passagierkabine. Diese noch mehr für den Regionalverkehr angepaßte Variante erzielte hauptsächlich in den USA einen hervorragenden Verkaufserfolg. 1981 entstand die Variante Metro III mit erheblich gesteigerten Flugleistungen. Gegenüber der Metro II hat die Metro III eine um 3,1 m größere Tragflügelspannweite, ferner 7,3 t maximale Startmasse und erstmals Vierblatt-Luftschrauben. Als letzte Variante entstand die Metro 23, sie kam im Sommer 1992 bei Kendell Airlines erstmals in den Regionaldienst. Die Metro 23 hat eine um weitere 0,5 m gesteigerte Tragflügelspannweite, 7,5 t maximale Startmasse und leistungsfähigere Propellerturbinen. Für den reinen Frachteinsatz entstand die fensterlose Ausführung Expediter, bei 15,5 m^3 Ladevolumen beträgt die Nutzmasse maximal 2,3 t. Von der U.S. Air Force werden 65 Metros unter der Typenbezeichnung C-26B als Mehrzweckflugzeuge eingesetzt. Bei den meisten Regionalgesellschaften in den USA und auch in Europa war die Metro anfangs das Hauptmuster der Flotte, aber das gestiegene Passagieraufkommen im Regionalverkehr führte zu einer starken Ausmusterung des Typs. Heute wird die Metro nur noch von kleinen Gesellschaften verwendet.

Abmessungen und technische Daten: Metro 23

Spannweite:	17,70 m	Rüstmasse:	4.550 kg
Länge:	18,10 m	max. Startmasse:	7.483 kg
Höhe:	5,10 m	max. Landemasse:	7.109 kg
Flügelfläche:	29,70 m^2	max. Nutzmasse:	2.100 kg
Preis ca. Mill. US-$:	4,5	Tankkapazität:	2.450 l

Reisegeschwindigkeit:	545 km/h
Landegeschwindigkeit:	190 km/h
Dienstgipfelhöhe:	9.500 m
Startstrecke über 15 m Höhe:	1.400 m
Einsatzreichweite mit max. Nutzmasse:	950 km
Reichweite mit vollen Tanks:	3.500 km
Treibstoffverbrauch im Reiseflug:	330 l/h

Triebwerkanlage:	2 Propellerturbinen Garrett TPE331-12UAR mit je 809 kW Startleistung
Kategorie:	Verkehrsflugzeug für den Regionalverkehr, Passagiere 19, Crew 2/0
Hersteller:	Fairchild Aircraft Inc., Werk San Antonio, USA
Erstflug:	26. August 1969 — Gebaute Maschinen: 400
Foto:	Fairchild/Metro 23 von Kendell Airlines, USA

KENDELL
N3005U
KENDELL

FAIRCHILD DORNIER 228

Die deutsche Flugzeugfirma Dornier zählt zu den ältesten ihrer Art, und sie wurde weltweit durch ihre Flugboote berühmt. Nach der kriegsbedingten Pause bis 1955, begann das Unternehmen sein Comeback auf dem Sektor der robusten Mehrzweckflugzeuge mit guten STOL-Eigenschaften. Ende der 70er Jahre entwarf Dornier für den sich belebenden Markt der Regionalflugzeuge das Zubringerflugzeug Dornier 228 für 19 Passagiere. Das Muster besitzt eine eher einfache und robuste Bauweise für Einsätze auf kleineren Flugplätzen in abgelegenen Gebieten und mit unter 1000 m langen Pisten. Um den Wartungsaufwand zu minimieren, verzichtete man auf eine druckbelüftete Passagierkabine. Wesentliches Merkmal der Dornier 228 ist der Tragflügel neuer Technologie, kurz TNT genannt, er verleiht dem Muster optimale Flugeigenschaften in allen Geschwindigkeitsbereichen. Mit einer Reisegeschwindigkeit von etwa 400 km/h, ist die Dornier 228 konkurrenzlos in der Kategorie der robusten Mehrzweckflugzeuge. Für den Bau des Rumpfes wurden Segmente von der bewährten DO-28D verwendet, und das Bugfahrwerk der Dornier 228 stammt von dem Jettrainer Alpha Jet. Die Basisversion Dornier 228-100 kam im Januar 1982 bei der norwegischen Gesellschaft Norwing erstmals in den Passagiereinsatz. Diese für nur 15 Passagiere ausgelegte Variante wurde nach kurzer Zeit ganz von der verlängerten Ausführung Dornier 228-200 für 19 Passagiere in der Produktion abgelöst. Die maximale Startmasse von anfangs 5,6 t wurde bei den gegenwärtigen Ausführungen auf 6,4 t gesteigert und ebenso die Triebwerkleistung. In der Produktion steht gegenwärtig die neueste Variante Dornier 228-212. Bis Ende 1998 wurden von allen Varianten der Dornier 228 etwa 230 Maschinen an 75 Halter in 42 Ländern auf allen fünf Kontinenten verkauft. Davon waren etwa 30% für Regionalgesellschaften bestimmt und der Rest ging an Frachtgesellschaften oder an Betreiber mit Mehrzweckaufgaben. Hindustan Aeronautics in Bangalore besitzt die Produktionslizenz zum Bau der Dornier 228 für den inländischen Markt, bis Ende 1998 dürften dort etwa 50 Maschinen gefertigt worden sein, genaue Zahlen sind leider nicht erhältlich.

Abmessungen und technische Daten: Dornier 228-212

Spannweite:	16,97 m	Rüstmasse:	3.900 kg
Länge:	16,56 m	max. Startmasse:	6.400 kg
Höhe:	4,85 m	max. Landemasse:	6.100 kg
Flügelfläche:	32,00 m^2	max. Nutzmasse:	2.200 kg
Preis ca. Mill. US-$:	3,5	Tankkapazität:	2.380 l

Reisegeschwindigkeit:	430 km/h
Landegeschwindigkeit:	140 km/h
Dienstgipfelhöhe:	9.000 m
Startstrecke über 15 m Höhe:	700 m
Einsatzreichweite mit max. Nutzmasse:	500 km
Reichweite mit vollen Tanks:	2.800 km
Treibstoffverbrauch im Reiseflug:	300 l/h

Triebwerkanlage:	2 Propellerturbinen Garrett TPE331-10 mit je 570 kW Startleistung
Kategorie:	Zubringer- und Mehrzweckflugzeug für 19 Passagiere, Crew 2
Hersteller:	Fairchild Dornier, Werk Oberpfaffenhofen, Deutschland
Erstflug:	23. März 1981 — Gebaute Maschinen: 240
Foto:	Fairchild Dornier/228-200 von Air Maledives

D-COLT
AIR MALDIVES

FAIRCHILD DORNIER 328

Im Herbst 1988 begann man bei Dornier unter der Projektbezeichnung Dornier 328 mit den Entwicklungsarbeiten für ein modernes Zubringerflugzeug für die Kategorie der 30sitzigen Muster. Im Gegensatz zur Dornier 228, ist die Dornier 328 ein Hight-Tech-Muster mit einer Reisegeschwindigkeit von 620 km/h und repräsentiert in ihrer Kategorie die neueste Generation.
Neben der Tragflügeltechnologie (TNT) von der Dornier 228, beinhaltet die neue Dornier 328 die Forschungsergebnisse aus der neuen Rumpftechnologie – NRT, mit zahlreichen aerodynamischen Verfeinerungen an der gesamten Rumpfstruktur. Für den Antrieb der Dornier 328 wählte man die fortschrittliche Propellerturbine PW119 von Pratt & Whitney of Canada, und in Verbindung mit den leichten Sechsblatt-Kohlefaser-Propellern bietet dieses Antriebssystem einen sehr niedrigen Geräuschpegel. Die Kabine hat eine Standardkapazität für 30 Passagiere, bei 1 plus 2 Sitzen je Reihe, und als Option ist eine Bestuhlung für 33 Passagiere möglich. Am Bau der Dornier 328 sind eine Reihe von internationalen Programmpartnern beteiligt, darunter OGMA aus Portugal, wo die gesamten Rumpfteile hergestellt werden, die dann von Aermacchi in Italien zu einem kompletten Rumpf zusammengebaut werden. Westland aus Großbritannien fertigt die Türen und die Triebwerkgondeln, von Dornier werden die restlichen Bauteile hergestellt, die Endmontage und das Einfliegen der Dornier 328 erfolgen in Oberpfaffenhofen bei München. Die erste Dornier 328 kam im Oktober 1993 bei der Schweizer Regionalgesellschaft Air Engiadina in den Passagierdienst, wo mittlerweile 5 Einheiten im Verkehr stehen. Die größte Flotte hat gegenwärtig die PSA Airlines aus den USA, wo 25 Dornier 328 im Regionaldienst stehen. Bis Ende 1998 kamen etwa 100 Dornier 328 an rund 30 Kunden weltweit zur Auslieferung, darunter auch einige Varianten als Geschäftsreiseflugzeug.
Im Juni 1996 übernahm die texanische Firma Fairchild Aircraft Inc. 80% der Firmenanteile von der Dornier Luftfahrt GmbH und die neue Firmenbezeichnung lautet seitdem Fairchild Dornier.

Abmessungen und technische Daten: Dornier 328-120

Spannweite:	20,97 m	Rüstmasse:	8.400 kg
Länge:	21,28 m	max. Startmasse:	13.990 kg
Höhe:	7,24 m	max. Landemasse:	12.250 kg
Flügelfläche:	39,50 m²	max. Nutzmasse:	3.450 kg
Preis ca. Mill. US-$:	10,00	Tankkapazität:	3.500 l

Reisegeschwindigkeit:	620 km/h
Landegeschwindigkeit:	185 km/h
Dienstgipfelhöhe:	9.500 m
Startstrecke über 15 m Höhe:	1.100 m
Einsatzreichweite mit max. Nutzmasse:	1.900 km
Reichweite mit vollen Tanks:	3.000 km
Treibstoffverbrauch im Reiseflug:	620 l/h

Triebwerkanlage:	2 Propellerturbinen Pratt & Whitney of Canada PW119C mit je 1.603 kW Startleistung	
Kategorie:	Verkehrsflugzeug für Regionalstrecken, Passagiere 30–33, Crew 2/1	
Hersteller:	Fairchild Dornier, Werk Oberpfaffenhofen, Deutschland	
Erstflug:	6. Dezember 1991	Gebaute Maschinen: 100
Foto:	Fairchild Dornier/328 von Air France Express	

AIR FRANCE
AIR INTER
express
53

FAIRCHILD DORNIER 328JET

Bei den Regionalgesellschaften wächst seit etwa 5 Jahren der Trend hin zu Jet-Mustern, und diese Entwicklung erwartet man bald auch in der Kategorie der 30-Sitzer, die heute noch von Turboprop-Mustern dominiert werden. Das erste Muster, das für diesen Markt angepaßt wurde, ist die Dornier 328JET für 30 bis 34 Passagiere. Sie stammt von dem neuen Unternehmen Fairchild Dornier. Beide Partner dieser neuen Firma haben viel Erfahrung im Bereich Regionalflugzeuge gesammelt, und mit der Dornier 328 stand eine Turboprop zur Verfügung, die sich nahezu ideal in einen Jet umrüsten ließ. Umrüstungen von Propellerflugzeugen in einen Jet sind in der Geschichte der Luftfahrt recht selten, und die »328« zählt zu diesen Raritäten.
Die 328JET besteht zu 80% aus Bauteilen der propellerbetriebenen Variante, zusätzliche Änderungen betreffen die größere Tragflügelfläche mit 225 l mehr Tankkapazität, eine verstärkte Zelle und die Verstärkung einiger Betriebssysteme. Anstelle der ursprünglichen Propellerturbinen, erhält die 328JET zwei fortschrittliche Turbofans Pratt & Whitney of Canada PW306B mit je 26,9 kN Standschub ohne Schubumkehranlage. Jedes dieser Triebwerke hat eine Trockenmasse von 479 kg. Für die Flugerprobung, die im Januar 1998 begann, wurde eine Propellervariante der 328 umgerüstet. Nach den Plänen von Fairchild Dornier soll die erste 328 JET im Frühjahr 1999 den Passagierverkehr aufnehmen. Für das Muster liegen erst 10 feste Bestellungen vor, aber der Hersteller rechnet für die 328JET mit etwa 400 Verkäufen in den nächsten 20 Jahren. Ein Verkaufsvorteil der 328JET dürfte der relativ geringe Preis von knapp 11 Millionen US-$ sein, der nur unwesentlich höher liegt als bei gleichgroßen Turboprop-Mustern. Im Projektstadium befindet sich gegenwärtig bei Fairchild Dornier die verlängerte Ausführung 428JET für 42 bis44 Passagiere. Die 428JET hat gegenüber der 328JET einen um drei Meter verlängerten Rumpf, ein Meter mehr Tragflügelspannweite und stärkere Turbofans mit je 30 kN Standschub. Mit dieser Variante würde man den gegenwärtigen Einsatzmarkt der Turboprop-Muster ATR 42 oder Dash 8-100/200 ansprechen.

Abmessungen und technische Daten:

Spannweite:	20,99 m	Rüstmasse:	9.200 kg
Länge:	21,28 m	max. Startmasse:	14.990 kg
Höhe:	7,24 m	max. Landemasse:	13.730 kg
Flügelfläche:	41,50 m^2	max. Nutzmasse:	3.400 kg
Preis ca. Mill. US-$:	11,00	Tankkapazität:	4.500 l

Reisegeschwindigkeit:	700 km/h
Landegeschwindigkeit:	200 km/h
Dienstgipfelhöhe:	9.500 m
Startstrecke über 15 m Höhe:	1.250 m
Einsatzreichweite mit max. Nutzmasse:	1.500 km
Reichweite mit vollen Tanks:	2.700 km
Treibstoffverbrauch im Reiseflug:	1.000 l/h

Triebwerkanlage:	2 Mantelstromtriebwerke Pratt & Whitney of Canada PW306B mit je 26,9 kN Standschub	
Kategorie:	Verkehrsflugzeug für Regionalstrecken, Passagiere 32–34, Crew 2/1	
Hersteller:	siehe Dornier 328	
Erstflug:	20. Januar 1998	Gebaute Maschinen: 5
Foto:	Fairchild Dornier/Prototyp der 328JET	

FAIRCHILD DORNIER 728JET

Auf der ILA 98 in Berlin stellte Fairchild Dornier erstmals eine neue Regionaljet-Familie vor, die aus den Projekten 528JET, 728JET und 928JET besteht. Diese baugleiche Familie ist für den Einsatz auf bis zu 3000 km langen Strecken ausgelegt, und sie bietet je nach Muster Platz für 55 bis 90 Passagiere. Das Investitionsvolumen bis zur Serienreife aller drei Typen wird auf etwa 850 Millionen US-$ veranschlagt. Als Basismuster aller drei Typen wird zuerst die 728JET für 70 Passagiere entwickelt. Bei einer maximalen Startmasse von 43,3 t und 7,5 t maximalen Nutzmasse, bietet die 728JET maximal 3000 km Reichweite und eine Reisegeschwindigkeit von 825 km/h. Die Kabine der 728JET ist 16,9 m lang, 3,4 m breit und 2,1 m hoch, bei einer einheitlichen Bestuhlung können 14 Sitzreihen mit 2 plus 3 Sitzen je Reihe eingebaut werden, insgesamt 70 Sitze.

Für den Antrieb der 728JET will man entweder den Turbofan General Electric CF34-8D oder SPW 14 von Pratt & Whitney/Snecma verwenden, beide bieten etwa 60 kN Standschub. Der gegenwärtige Projektplan der 728JET sieht vor, daß im Frühjahr 2000 die Flugerprobung beginnt, und im Sommer 2001 soll die Ablieferung an die Kunden beginnen. Der Basispreis liegt bei 20 Millionen US-$. Ernsthafte Kaufinteressenten für das Muster sind die Lufthansa CityLine, Eurowings, Crossair aus der Schweiz und Proteus Air aus Frankreich, wobei LH CityLine und Crossair als mögliche Großabnehmer bei der weiteren Gestaltung des Musters mit einbezogen werden. Mitte 2002 soll die 55sitzige 528JET auf den Markt kommen, sie unterscheidet sich von der 728JET durch einen kürzeren Rumpf, weniger Triebwerkleistung (47 kN) und knapp 31 t maximaler Startmasse. Das größte Muster in der neuen Jet-Familie von Fairchild Dornier wird die 928JET sein, sie soll ab Sommer 2003 verfügbar sein und 90 bis 95 Passagiersitze bieten. Dieser Jet dürfte neben dem Einsatz bei großen Regionalgesellschaften auch für größere Liniengesellschaften interessant sein, wo ein Muster für schwächer ausgelastete Routen notwendig ist, und ein A319 oder eine Boeing 737 zu groß sind. Mit der erwähnten Jet-Familie von Fairchild Dornier bietet das Konsortium erstmals eine baugleiche Typenreihe in dieser Kategorie auf dem Weltmarkt an.

Abmessungen und technische Daten: 728JET

Spannweite:	26,62 m	Rüstmasse:	20.000 kg
Länge:	25,75 m	max. Startmasse:	34.900 kg
Höhe:	8,86 m	max. Landemasse:	32.500 kg
Flügelfläche:	75,00 m²	max. Nutzmasse:	8.500 kg
Preis ca. Mill. US-$:	20,00	Tankkapazität:	11.900 l

Reisegeschwindigkeit:	825 km/h
Landegeschwindigkeit:	220 km/h
Dienstgipfelhöhe:	12.500 m
Startstrecke über 15 m Höhe:	1.500 m
Einsatzreichweite mit max. Nutzmasse:	1.800 km
Reichweite mit vollen Tanks:	4.700 km
Treibstoffverbrauch im Reiseflug:	1.700 l/h

Triebwerkanlage:	2 Mantelstromtriebwerke General Electric CF34-8D3 mit je 59,1 kN Standschub	
Kategorie:	Verkehrsflugzeug für Kurz- und Mittelstrecken, Passagiere 70, Crew 2/2	
Hersteller:	Fairchild Dornier, USA/Deutschland	
Erstflug:	ca. 2000	Gebaute Maschinen: keine
Foto:	Fairchild Dornier/Modell der 728JET	

Lufthansa

FOKKER 50

Niederlande

Anfang der 80er Jahre begann Fokker mit Studien für ein Up-to-date-Programm für das erfolgreiche Regionalflugzeug F-27 Friendship. Das Projekt bekam die Typenbezeichnung Fokker 50 und Kernpunkt der Erneuerung ist das Antriebssystem mit zwei fortschrittlichen Propellerturbinen des Typs Pratt & Whitney of Canada PW127 mit geräuscharmen Sechsblatt-Propellern. Die Zelle der Fokker 50 stammt, bis auf einige Detailverbesserungen von der F-27. Gegenüber der F-27 hat die Fokker 50 viel mehr Kabinenfenster, und der Passagiereingang wurde von hinten nach vorne verlegt. Die druckbelüftete Kabine der Fokker 50 hat eine Standardkapazität für 50 Passagiere, oder für maximal 58 bei kleineren Laderäumen.
Ferner wurden bei der Nachfolgerin der Friendship auch einige Betriebssysteme verstärkt. Der Prototyp der Fokker 50 begann im Dezember 1985 mit der Flugerprobung, und nach einigen Verzögerungen beim Zulassungsprogramm, kamen im August 1987 die ersten Maschinen bei der australischen Gesellschaft Ansett in den Regionalverkehr. Lufthansa CityLine und SAS Commuter erwarben mit jeweils 22 Maschinen die größten Flotten der Fokker 50, wobei sich Lufthansa CityLine mittlerweile von dem Muster getrennt hat.
1993 folgte der Basisversion die aufgewertete Variante Fokker 50-300 mit 1390 kg mehr Startmasse und leistungsstärkeren Triebwerken. Mit einem von Fokker entworfenen Nachrüstsatz ließen sich die Basismaschinen auf den Standard der Serie 300 nachrüsten. Für die Luftwaffe der Niederlande entstand die Variante Fokker 60 Utility, sie hat gegenüber der Fokker 50 einen um 1,62 m verlängerten Rumpf mit einem Ladetor und ihre Nutzmasse beträgt etwa 8 t. Vier Exemplare wurden ausgeliefert. Im Januar 1995 konnte die 200. Fokker 50 ausgeliefert werden und im Mai 1997 beendete Fokker die Flugzeugproduktion mit der Auslieferung von zwei Fokker 50. Im Februar 1996 trennt sich die DASA als Mehrheitsaktionär von Fokker, im Januar 1997 meldet Fokker Vergleich an, und vor der Auflösung der einstigen Traditionsfirma übernimmt das niederländische Unternehmen Stork die profitablen Bereiche und den Ersatzteilservice.

Abmessungen und technische Daten: Fokker 50-300

Spannweite:	29,00 m	Rüstmasse:	12.650 kg
Länge:	25,25 m	max. Startmasse:	22.110 kg
Höhe:	8,60 m	max. Landemasse:	19.730 kg
Flügelfläche:	70,00 m²	max. Nutzmasse:	5.200 kg
Preis ca. Mill. US-$:	14,00	Tankkapazität:	5.150 l

Reisegeschwindigkeit:	505 km/h
Landegeschwindigkeit:	195 km/h
Dienstgipfelhöhe:	9.500 m
Startstrecke über 15 m Höhe:	1.400 m
Einsatzreichweite mit max. Nutzmasse:	2.000 km
Reichweite mit vollen Tanks:	3.200 km
Treibstoffverbrauch im Reiseflug:	730 l/h

Triebwerkanlage:	2 Propellerturbinen Pratt & Whitney of Canada PW127B mit je 202 kW Startleistung	
Kategorie:	Verkehrsflugzeug für Regionalstrecken, Passagiere 50–58, Crew 2/2	
Hersteller:	Fokker Aircraft B.V., Werk Amsterdam, Niederlande	
Erstflug:	28. Dezember 1985	Gebaute Maschinen: 215
Foto:	Fokker/Fokker 50 von Sudan Airways	

FOKKER 70/100

Niederlande

Unter der Projektbezeichnung Fokker 100 entstand auf der Basis der erfolgreichen Fokker F-28 Fellowship ein aufgewertetes und vergrößertes Nachfolgemuster. Für das weltweite Marketing führte man später die Bezeichnung Fokker JetLine ein, bestehend aus den Typen Fokker 70 und Fokker 100, wobei die Zahl jeweils die normale Passagierkapazität angibt. Gegenüber der F-28 erhielt der Rumpf der Fokker 100 eine Streckung von 5,7 m, und die Tragflügelspannweite bekam ein Plus von etwa 3 m. Ferner stieg die maximale Startmasse um etwa 10 t, die Reichweite mit voller Besetzung auf etwa 2500 km. Je nach Konfiguration, bietet die Fokker 100 Platz für 85 bis 109 Passagiere. Für den Antrieb wählte man die fortschrittlichen Turbofans Rolls-Royce Tay 650, die der Fokker 100 eine gute Umweltverträglichkeit und Wirtschaftlichkeit verleihen. Auch Intern bekam die Fokker 100 eine komplette Neuausstattung, darunter ein Glas-Cockpit und ein modernes Styling der Passagierkabine.
Das Muster kam erstmals im April 1988 bei der Swissair in den Liniendienst; die Gesellschaft kaufte 12 Einheiten, aber 1996 trennte sich Swissair wieder von dem Muster. American Airlines kaufte als größter Abnehmer der Fokker 100 insgesamt 75 Maschinen, gefolgt von USAir mit 40 Exemplaren. Die Produktion endete 1997 nach dem Bau von knapp 300 Maschinen.
Die Fokker 70 ist eine um 4,6 m verkürzte Ausführung der Fokker 100 und bietet für 66 bis79 Passagiere Platz. Ihre maximale Startmasse liegt je nach Option zwischen 36,7 bis 40 t, und der Antrieb besteht aus zwei Turbofans R/R Tay 620-15 mit je 67 kN Standschub. Die Fokker 70 kam im März 1995 erstmals bei den indonesischen Regionalgesellschaften Pelita und Sempati in den Liniendienst. Mehrere Exemplare der Fokker 70 stehen als exklusive Geschäftsreisejets im Einsatz. Die Produktion des Musters endete nach dem Bau von knapp 50 Maschinen.
An der Produktion der Fokker 70 und Fokker 100 waren auch die Firmen DASA, verantwortlich für den Rumpf sowie das Leitwerk, und Shorts aus Nordirland, verantwortlich für den Tragflügel, beteiligt.

Abmessungen und technische Daten: Fokker 100

Spannweite:	28,10 m	Rüstmasse:	24.500 kg
Länge:	35,30 m	max. Startmasse:	45.850 kg
Höhe:	8,60 m	max. Landemasse:	39.915 kg
Flügelfläche:	93,50 m²	max. Nutzmasse:	12.000 kg
Preis ca. Mill. US-$:	28,00	Tankkapazität:	13.050 l

Reisegeschwindigkeit:	800 km/h
Landegeschwindigkeit:	220 km/h
Dienstgipfelhöhe:	11.900 m
Startstrecke über 15 m Höhe:	2.000 m
Einsatzreichweite mit max. Nutzmasse:	2.500 km
Reichweite mit vollen Tanks:	4.400 km
Treibstoffverbrauch im Reiseflug:	2.400 l/h

Triebwerkanlage:	2 Mantelstromtriebwerke Rolls-Royce Tay 650-15 mit je 68 kN Standschub	
Kategorie:	Verkehrsflugzeug für Kurz- und Mittelstrecken, Passagiere 85–109, Crew 2/3	
Hersteller:	Fokker Aircraft B. V., Werk Amsterdam, Niederlande	
Erstflug:	30. November 1986	Gebaute Maschinen: 300
Foto:	Fokker/Fokker 100 von Iran Air	

IRAN AIR

ILJUSCHIN IL-76

Russland

Die Iljuschin IL-76 entstand vor etwa 30 Jahren als strategischer Militärtransporter für die Streitkräfte der ehemaligen Sowjetunion und war dort das erste Muster dieser Kategorie mit Strahltriebwerken. Neben dem Einsatz bei den Streitkräften, kam die IL-76 auch zahlreich als ziviles Frachtflugzeug zum Einsatz. Das Design der IL-76 entspricht der klassischen Form aller Militärtransporter mit Strahltriebwerken seit der Lockheed C-141 Starlifter aus dem Jahre 1963, erkennbar an dem hoch am Rumpf angesetzten Tragflügel mit negativer V-Stellung, ferner an dem kurzen Fahrwerk mit meistens zahlreichen Rädern zur guten Lastverteilung auf kleineren Flugplätzen, und das Leitwerk hat meistens eine T-Form. Das Rumpfheck ist hochgezogen und besteht im unteren Bereich aus zwei aufklappbaren Ladetoren. Die Basisversion IL-76M kam 1973 bei den sowjetischen Streitkräften erstmals zum Einsatz, sie hat 175 t maximale Startmasse, und mit 40 t Nutzmasse beträgt ihre Reichweite etwa 4500 km.
Von der staatlichen Aeroflot wurden etwa 150 Maschinen der zivilen Variante IL-76T erworben, erkennbar am Fehlen der Heckabwehrstände. Ferner konnten beide Varianten erfolgreich exportiert werden. Den beiden Basisvarianten folgten die verstärkten Ausführungen IL-76MD bzw. IL-76TD mit 190 t maximaler Startmasse. Im August 1995 begann die Flugerprobung mit der neuesten Variante IL-76MF; sie soll 1999 in die Serienproduktion gehen.
Gegenüber den anderen Varianten hat die IL-76MF einen um 6,6 m verlängerten Rumpf mit etwa 30% mehr Ladekapazität und ferner fortschrittlichere Turbofans PS-90A sowie eine aufgewertete Cockpit-Ausstattung. Der Laderaum der IL-76MF ist 3,45 m breit, 3,4 m hoch, 31,1 m lang und hat ein Ladevolumen von etwa 400 m³. Wie alle Flugzeuge dieser Kategorie ist auch die IL-76 vollkommen unabhängig von Bodeneinrichtungen, denn selbst schwere Lasten können mit Hilfe der bordeigenen Einrichtungen be- und entladen werden.
Seit der Aufnahme der Produktion, wurden in den Werken Chodinka bei Moskau und Schkalow in Taschkent etwa 900 IL-76 in allen Varianten produziert.

Abmessungen und technische Daten: IL-76MF

Spannweite:	50,50 m	Rüstmasse:	72.000 kg
Länge:	53,20 m	max. Startmasse:	210.000 kg
Höhe:	14,76 m	max. Landemasse:	155.000 kg
Flügelfläche:	300,00 m²	max. Nutzmasse:	52.000 kg
Preis ca. Mill. US-$:	k. A.	Tankkapazität:	112.500 l

Reisegeschwindigkeit:	800 km/h
Landegeschwindigkeit:	250 km/h
Dienstgipfelhöhe:	12.000 m
Startstrecke über 15 m Höhe:	2.750 m
Einsatzreichweite mit max. Nutzmasse:	4.600 km
Reichweite mit vollen Tanks:	8.600 km
Treibstoffverbrauch im Reiseflug:	12.000 l/h

Triebwerkanlage:	4 Mantelstromtriebwerke Aviadvigatel/Perm PS-90A mit je 158 kN Standschub	
Kategorie:	Frachtflugzeug für Mittel- und Langstrecken, Nutzmasse 52 t, Crew 4–5	
Hersteller:	Iljuschin/TAPF, Werke Chodinka und Taschkent, GUS	
Erstflug:	25. März 1971	Gebaute Maschinen: 900
Foto:	Aeroflot/IL-76TD bei der Landung	

ILJUSCHIN IL-96-300

Russland

Die Iljuschin IL-96-300 ist eine Weiterentwicklung aus der IL-86, und sie ist für den Langstreckeneinsatz optimiert. Gegenüber der IL-86 bekam der Rumpf der neuen Variante eine Kürzung um 4 m, der Tragflügel bekam dagegen 9 m mehr Spannweite und ein neues Profil sowie Winglets. Für den Antrieb wählte man die neuen Turbofans PS-90A mit je 156 kN Standschub. Ferner besitzt die IL-96-300 als erster russischer Jetliner eine Fly-by-wire-Technologie, und das Cockpit ist mit Bildschirmanzeigen ausgerüstet. Bei der Aeroflot wird die IL-96-300 mit einer Dreiklassen-Kabine mit 22/40/173 Sitzen eingesetzt, bei einer engeren Bestuhlung hätten bis zu 270 Passagiere Platz.

Mit der Flugerprobung der IL-96-300 wurde im September 1988 begonnen, und das Muster gab sein erstes öffentliches Debüt auf den Aerosalon in Paris im Mai 1989. Im Juli 1993 kam das Muster bei der Aeroflot erstmals in den Liniendienst, und die Gesellschaft kaufte insgesamt 6 Maschinen. Weitere 10 Exemplare sind von diversen Gesellschaften in der GUS bestellt, doch wann es zur Auslieferung kommen soll, ist noch nicht gewiß. Die IL-96-300 wird auch mit westlichen Turbofans PW2037 angeboten, doch auch diese Variante dürfte kaum Kunden außerhalb der GUS ansprechen. Es ist eher unwahrscheinlich, daß von der IL-96-300 noch weitere Maschinen gebaut werden, denn die Technologie dieses Musters stammt noch weitgehend aus den 80er Jahren, und die noch verbliebenen russischen Airlines beschaffen bevorzugt Muster aus dem Westen.

Im Gegensatz zu anderen russischen Luftfahrtbetrieben, produzierte Iljuschin nach dem 2. Weltkrieg faßt ausschließlich Verkehrsflugzeuge, während Militärmuster die Ausnahme blieben. Die gespannte wirtschaftliche Situation bei den traditionellen Flugzeugfirmen in der GUS dürfte bald zu einer Reorganisation und zur Fusion dieser Firma führen, da die jetzige Auftragslage nicht zum Überleben dieser Firmen ausreicht.

Abmessungen und technische Daten:

Spannweite:	57,60 m	Rüstmasse:	120.000 kg
Länge:	55,50 m	max. Startmasse:	240.000 kg
Höhe:	17,60 m	max. Landemasse:	175.000 kg
Flügelfläche:	350,50 m²	max. Nutzmasse:	38.000 kg
Preis ca. Mill. US-$:	k. A.	Tankkapazität:	120.000 l

Reisegeschwindigkeit:	880 km/h
Landegeschwindigkeit:	250 km/h
Dienstgipfelhöhe:	12.000 m
Startstrecke über 15 m Höhe:	2.800 m
Einsatzreichweite mit max. Nutzmasse:	6.800 km
Reichweite mit vollen Tanks:	8.900 km
Treibstoffverbrauch im Reiseflug:	9.500 l/h

Triebwerkanlage:	4 Mantelstromtriebwerke Aviadvigatel/Perm PS-90A mit je 156 kN Standschub	
Kategorie:	Verkehrsflugzeug für Langstrecken, Passagiere 235-270, Crew 2/8	
Hersteller:	Konstruktionsbüro Iljuschin, Werk Woronesch, Russland	
Erstflug:	28. September 1988	Gebaute Maschinen: 6
Foto:	Sammlung AGE/IL-96-300 der Aeroflot	

АЭРОФЛОТ

ILJUSCHIN IL-96M/IL-96T

Russland

Für eine Kapazität von mehr als 300 Passagieren entwickelte man bei Iljuschin auf der Basis der IL-96-300 die erheblich vergrößerte Ausführung IL-96M. Im Verhältnis zur Serie 300 hat die IL-96M einen um 8,35 m verlängerten Rumpf mit 6,08 m Durchmesser, ferner eine höhere Tankkapazität und 270 t maximale Startmasse. In der 49,1 m langen Kabine können bei einer Zweiklassen-Konfiguration 83/249 Passagiere befördert werden, bei engeren Bestuhlungen bis 375 Passagiere. Für den Antrieb der IL-96M wählte man das US-Triebwerk Pratt & Whitney PW2337 mit je 170 kN Standschub. Auch ein großer Teil der Instrumentierung im Cockpit stammt von der Firma Collins aus den USA. Mit dieser hochwärtigen Ausrüstung will man die IL-96M in erster Linie für ausländische Abnehmer interessant machen. Für den reinen Frachteinsatz entstand die Variante IL-96T mit maximal 92 t Nutzmasse. Der Kabinenbereich der IL-96T hat ein Ladevolumen von 580 m^3 und bietet Platz für 26 Paletten, die über ein Ladetor vorne links im Rumpf beladen werden. Im Unterflurbereich können 32 LD-3-Container geladen werden, Gesamtvolumen 196 m^3. Mit 92 t Nutzmasse hat die IL-96T etwa 5200 km Reichweite, bei 50 t Nutzmasse etwa 11000 km.
Der Prototyp der IL-96M begann im April 1993 mit der Flugerprobung, und das Muster dürfte im Jahre 1999 den Liniendienst aufnehmen. Die IL-96T steht seit Mai 1997 in der Flugerprobung, und die ersten Ablieferungen könnten ab dem Jahr 2000 erfolgen. Von Aeroflot wurden 17 IL-96M und 3 IL-96T zum Gesamtpreis von 1,5 Milliarden US-$ bestellt. Weitere Besteller des Musters sind Domodedowo Airlines und Transaero, beide aus der GUS. Bei dem gegenwärtigen Stückpreis von etwa 75 Millionen US-$ ist die IL-96M/T rund 40% günstiger als westliche Muster in dieser Größenordnung.
Dank ihrer fortschrittlichen Ausrüstung und dem modernen Antriebssystem sowie dem attraktiven Preis, dürfte die IL-96M/T durchaus einen befriedigenden Verkaufserfolg erzielen.

Abmessungen und technische Daten: IL-96M

Spannweite:	60,10 m	Rüstmasse:	133.000 kg
Länge:	63,94 m	max. Startmasse:	270.000 kg
Höhe:	15,72 m	max. Landemasse:	210.000 kg
Flügelfläche:	392,00 m^2	max. Nutzmasse:	58.000 kg
Preis ca. Mill. US-$:	75,00	Tankkapazität:	145.400 l

Reisegeschwindigkeit:	870 km/h
Landegeschwindigkeit:	260 km/h
Dienstgipfelhöhe:	12.000 m
Startstrecke über 15 m Höhe:	3.400 m
Einsatzreichweite mit max. Nutzmasse:	7.700 km
Reichweite mit vollen Tanks:	12.750 km
Treibstoffverbrauch im Reiseflug:	8.000 l/h

Triebwerkanlage:	4 Mantelstromtriebwerke Pratt & Whitney PW2337 mit je 168 kN Standschub	
Kategorie:	Verkehrsflugzeug für Langstrecken, Passagiere 333-375, Crew 2/10	
Hersteller:	Konstruktionsbüro Iljuschin, Werk Woronesch, Russland	
Erstflug:	5. April 1993	Gebaute Maschinen: 10
Foto:	H. Kreuzer/Iljuschin IL-96T in Le Bourget	

337

ILJUSCHIN IL-114

Russland

Die Iljuschin IL-114 entstand Ende der 80er Jahre als modernes Verkehrsflugzeug für das umfangreiche, regionale Streckennetz in der ehemaligen Sojwetunion, wo sie das zahlreich verwendete Muster Antonow AN-24 ablösen sollte. Beim Entwurf der IL-114 mußten die Einsatzbedingungen auch auf den abgelegenen Regionalflugplätzen der damaligen Sowjetunion mit einem Minimum an Ausrüstung sowie mit Schotterpisten berücksichtigt werden. Der Rumpfdurchmesser von 2,86 m bietet einen guten Komfort in der Kabine für 52 bis 64 Passagiere, bei 2 plus 2 Sitzen je Reihe. Die moderne Cockpit-Ausstattung beinhaltet 5 Bildschirmanzeigen. Zur Reduzierung des Geräuschpegels ist das Muster mit Sechsblatt-Luftschrauben ausgerüstet. Die Enteisung des Tragflügels und des Leitwerks erfolgt thermo-elektrisch.

Der Prototyp der IL-114 begann im März 1990 mit der Flugerprobung, er ging im Sommer 1993 nach einem Pilotenfehler durch Absturz verloren. Das gesamte Zulassungsprogramm der IL-114 war mit einer ganzen Reihe von Verzögerungen behaftet, dazu zählten neben der politischen Wende in der ehemaligen Sowjetunion auch finanzielle Probleme und der geänderte Absatzmarkt in der jetzigen GUS. Nach über 7 Jahren Flugerprobung bekam die IL-114 am 26. April 1997 die langersehnte Musterzulassung, und der erste Betreiber wurde die Regionalgesellschaft Uzbek Airlines. Für den reinen Frachteinsatz entstand die Variante IL-114T, sie besitzt ein Frachtladetor vorne im Rumpf und bei 76 m³ Ladevolumen beträgt die maximale Nutzmasse 7 t. Die IL-114T begann im September 1996 mit der Flugerprobung, und sie könnte als Ersatzmuster für die Antonow AN-26 dienen. Ähnlich wie bei der ehemaligen Baureihe Antonow AN-24, plant das Konstruktionsbüro Iljuschin auch bei der IL-114 die Entwicklung von mehreren Varianten für unterschiedliche Einsatzarten.

Ferner benötigen die Streitkräfte der GUS zahlreiche Flugzeuge in der Klasse der IL-114 als dringenden Ersatz für alte Typen, so daß die Absatzmöglichkeiten für die IL-114 auf dem Binnenmarkt recht gut sind.

Abmessungen und technische Daten:

Spannweite:	30,00 m	Rüstmasse:	15.000 kg
Länge:	26,90 m	max. Startmasse:	23.500 kg
Höhe:	9,33 m	max. Landemasse:	21.500 kg
Flügelfläche:	76,00 m²	max. Nutzmasse:	6.500 kg
Preis ca. Mill. US-$:	10,00	Tankkapazität:	4.180 l

Reisegeschwindigkeit:	500 km/h
Landegeschwindigkeit:	190 km/h
Dienstgipfelhöhe:	7.600 m
Startstrecke über 15 m Höhe:	1.350 m
Einsatzreichweite mit max. Nutzmasse:	1.000 km
Reichweite mit vollen Tanks:	2.400 km
Treibstoffverbrauch im Reiseflug:	850 l/h

Triebwerkanlage:	2 Propellerturbinen Isotow TV7-117 mit je 1.838 kW Startleistung	
Kategorie:	Verkehrsflugzeug für Regionalstrecken, Passagiere 52–64, Crew 2/2	
Hersteller:	Konstruktionsbüro Iljuschin, Werk Taschkent, Uzbekistan	
Erstflug:	29. März 1990	Gebaute Maschinen: 20
Foto:	H. Kreuzer/Frachtversion IL-114T in Le Bourget	

114
FREIGHTER
ILYUSHIN 114T
336

IPTN N250

Indonesien

Die Regierung Indonesiens gründete 1976 die Flugzeugfirma IPTN – Industri Pesawat Terbang Nusantara, um technologisch hochwertige Arbeitsplätze für das Land zu schaffen. 1983 entwickelte IPTN zusammen mit der spanischen Flugzeugfirma Casa das Mehrzweckflugzeug CN-235, von dem etwa 50 Exemplare an Regionalgesellschaften verkauft wurden. 1988 gab IPTN unter der Projektbezeichnung N250, die Entwicklung seines ersten Flugzeuges bekannt. Die N250 entstand als neue Generation von Regionalflugzeugen mit Turboprop-Antrieb und weist eine hohe Reisegeschwindigkeit von 616 km/h auf. Der Antrieb besteht aus zwei Propellerturbinen Allison AE2100C mit knapp 2500 kW Startleistung, die über geräuscharme Sechsblatt-Propeller übertragen wird. Ferner ist die N250 das erste Muster in dieser Kategorie mit einer modernen Fly-by-wire-Steuerung. Die N250 wird in zwei Versionen angeboten, der Basisversion für 54 Passagiere und der N250-100 für 64 bis 68 Passagiere. Die Kabine ist 2,68 m breit und 1,92 m hoch, dadurch können 2 plus 2 Sitze je Reihe eingebaut werden. Im August 1995 begann der Prototyp der Basisversion (PA1) mit seiner Flugerprobung, gefolgt im Dezember 1996 von der verlängerten Ausführung (PA2) als Testflugzeug für die Variante N250-100. Ende des Jahres 2000 wird die indonesische Musterzulassung erwartet, und die amerikanische Zulassung (FAA) sowie die europäische Zulassung (JAA) werden etwa Mitte 2001 erwartet.
Das Entwicklungsprogramm der N250 bis zur Serienreife wird etwa 700 Millionen US-$ benötigen, die zu etwa 60% von ausländischen Investoren stammen. Die amerikanische Niederlassung AMRI – American Regional Aircraft Industry, übernimmt den Vertriebs- und Kundendienst der N250 für Amerika. Bis Ende 1998 gingen für die N250 30 Festbestellungen und etwa 175 Optionen ein.
IPTN erwarb seit seiner Gründung eine Reihe von Lizenzrechten zur Produktion von Flugzeugmustern für den inländischen Markt, und daneben ist das Unternehmen ein wichtiger Unterauftragnehmer für Airbus Industrie sowie Boeing.

Abmessungen und technische Daten: N250-100

Spannweite:	28,00 m	Rüstmasse:	15.700 kg
Länge:	28,15 m	max. Startmasse:	24.800 kg
Höhe:	8,79 m	max. Landemasse:	24.600 kg
Flügelfläche:	65,00 m²	max. Nutzmasse:	6.200 kg
Preis ca. Mill. US-$:	14,00	Tankkapazität:	5.250 l

Reisegeschwindigkeit:	616 km/h
Landegeschwindigkeit:	190 km/h
Dienstgipfelhöhe:	7.620 m
Startstrecke über 15 m Höhe:	1.250 m
Einsatzreichweite mit max. Nutzmasse:	1.200 km
Reichweite mit vollen Tanks:	3.000 km
Treibstoffverbrauch im Reiseflug:	1.000 l/h

Triebwerkanlage:	2 Propellerturbinen Rolls-Royce/Allison AE3100C mit je 2405 kW Startleistung	
Kategorie:	Verkehrsflugzeug für Regionalstrecken, Passagiere 64–68, Crew 2/2	
Hersteller:	IPTN, Werk Bandung, Indonesien	
Erstflug:	19. Dezember 1996	Gebaute Maschinen: 5
Foto:	IPTN/Prototyp N250-100	

IPTN
N250-100

JAKOWLEW JAK-42

Russland

Das Konstruktionsbüro Jakowlew zählte in der ehemaligen Sowjetunion zu den vielseitigsten Flugzeugwerken, denn es produzierte nahezu alle Arten von Flugzeugen. In den 60er Jahren entstand der dreistrahlige Regionaljet Jak-40 für 28 Passagiere, von dem 750 Maschinen gebaut wurden, er zählt zu den erfolgreichsten Mustern aus der ehemaligen Sowjetunion, und zahlreiche Exemplare stehen heute noch im Passagiereinsatz.

1975 entstand nach dem gleichen Bauprinzip der Jak-40 das erheblich vergrößerte Muster Jak-42 für 100 bis 120 Passagiere. Die Jak-42 hat ebenfalls drei am Heck angeordnete Mantelstromtriebwerke und ferner ein Fahrwerk mit insgesamt 10 Rädern für Einsätze auf Regionalflugplätzen mit geringer Bahnbelastung. Dank einer APU und einer bordeigenen Treppe, ist das Muster vollkommen unabhängig von Bodengeräten. Zum Einsatz auf etwa 1500 m langen Pisten hat die Jak-42 effektive Auftriebsklappen am Tragflügel. Die Jak-42 kam im Sommer 1980 bei der Aeroflot erstmals in den Liniendienst, sie mußte aber nach kurzer Zeit vorübergehend aus dem Verkehr gestellt werden, wegen Schwingungen am Leitwerk. Nach einer Modifizierung des Leitwerks kam das Muster 1985 wieder in den Liniendienst. Der Basisversion mit 54 t maximaler Startmasse, folgte die Jak-42D mit 57 t maximaler Startmasse und schubstärkeren Triebwerken.

1994 stellte Jakowlew die Ausführung Jak-142 vor, sie hat vermehrt eine westliche Avionik sowie westliche Betriebssysteme. Ferner bekam die Passagierkabine eine komfortablere Ausstattung und eine zusätzliche Geräuschdämmung. Die Passagierkabine bietet Platz für 8/96 Sitze in einer Zweiklassen-Ausstattung oder 120 Sitze in einer einheitlichen Bestuhlung. Die Zahl der gebauten Einheiten von der Jak-42 liegt bei etwa 100 und die Produktion ruhte längere Zeit. Die Jak-42 war als Ersatzmuster für die TU-134 gedacht, doch sie erreichte nur einen Bruchteil der produzierten Maschinen von der TU 134.

Da die Weiterentwicklung der 120sitzigen TU-334 immer noch ungewiß ist, könnte die Produktion der Jak-42D wieder anlaufen, denn sie hat einen attraktiven Kaufpreis für die Betreiber in der GUS und sie ist für den dortigen Markt maßgeschneidert.

Abmessungen und technische Daten: Jak-42D

Spannweite:	34,88 m	Rüstmasse:	31.500 kg
Länge:	36,38 m	max. Startmasse:	57.000 kg
Höhe:	9,83 m	max. Landemasse:	51.000 kg
Flügelfläche:	150,00 m²	max. Nutzmasse:	12.500 kg
Preis ca. Mill. US-$:	10,00	Tankkapazität:	23.000 l

Reisegeschwindigkeit:	740 km/h
Landegeschwindigkeit:	190 km/h
Dienstgipfelhöhe:	9.600 m
Startstrecke über 15 m Höhe:	1.800 m
Einsatzreichweite mit max. Nutzmasse:	1.300 km
Reichweite mit vollen Tanks:	4.000 km
Treibstoffverbrauch im Reiseflug:	3.900 l/h

Triebwerkanlage:	3 Mantelstromtriebwerke Lotarew D-36 mit je 63,74 kN Standschub
Kategorie:	Verkehrsflugzeug für Kurz- und Mittelstrecken, Passagiere 104–120, Crew 2/3
Hersteller:	Konstruktionsbüro Jakowlew, Werk Saratow, Russland

Erstflug:	7. März 1975	Gebaute Maschinen: 100
Foto:	Flughafen Dresden GmbH/Jak-42 von Tatarstan Airlines	

RA-42433
TATARSTAN

MCDONNELL DOUGLAS DC-10 USA

Vor 30 Jahren entwickelte die bekannte Flugzeufirma Douglas in Los Angeles mit der DC-10 ihr erstes Großraumverkehrsflugzeug. Die DC-10 wurde bereits beim Entwurf in zwei Varianten angeboten; der DC-10/10 für die langen Mittelstrecken innerhalb der USA und der DC-10/30 für den Langstreckeneinsatz. Beide Varianten haben die gleichen Abmessungen, und sie bieten je nach Kabinenkonfiguration Platz für 265 bis 375 Passagiere.
Bemerkenswert ist die Anordnung der drei Triebwerke bei der DC-10, zwei sind unter dem Tragflügel aufgehängt, während das dritte im Seitenleitwerk angeordnet ist. Dieses Layout wurde auch von dem Konkurrenzmuster Lockheed L-1011 TriStar verwendet, wobei aber das mittlere Triebwerk im Rumpfheck eingebaut ist. Die sogenannte Domestic Version DC-10/10 kam im August 1971 bei American Airlines erstmals in den Liniendienst, sie hat etwa 200 t maximale Startmasse, und sie bietet rund 5000 km Reichweite. Von den 130 gebauten Einheiten kaufte American Airlines 50, United Airlines 60 und Continental Airlines 15. Ein großer Teil dieser Flotte ist bei den drei Gesellschaften noch im Einsatz, doch bis zum Jahre 2000 dürften diese Oldtimer von modernen Mustern abgelöst werden. Die Langstreckenvariante DC-10/30 kam im November 1972 bei der niederländischen KLM erstmals in den Liniendienst, und sie wurde weltweit in 209 Exemplaren verkauft. Gegenüber der DC-10/10 hat die DC-10/30 eine verstärke Zellenstruktur mit 251 t maximaler Startmasse, eine zusätzliche Fahrwerkeinheit mit 2 Rädern unter dem Rumpf und 56.000 l mehr Tankkapazität. Die Variante DC-10/40 entspricht bis auf die Triebwerkmarke Pratt & Whitney JT9D der Serie DC-10/30, es wurden 22 Einheiten für Northwest Airlines und 20 für Japan Airlines gebaut. Bei der Variante DC-10/30ER wurde die maximale Startmasse auf 263,5 t gesteigert, und die Tankkapazität stieg um 12.700 l, für eine Reichweite bis 11.500 km. Auf der Basis der DC-10/30ER entstand für die U.S. Air Force der strategische Transporter/Lufttanker KC-10A Extender. Bis zum Ende der Produktion 1989 wurden 446 DC-10 gebaut, davon 60 KC-10A. Zahlreiche vom Passagierdienst ausgemusterte DC-10 werden gegenwärtig für den reinen Frachteinsatz umgerüstet.

Abmessungen und technische Daten: DC-10/30ER

Spannweite:	50,40 m	Rüstmasse:	121.000 kg
Länge:	55,35 m	max. Startmasse:	263.500 kg
Höhe:	17,85 m	max. Landemasse:	186.400 kg
Flügelfläche:	364,30 m²	max. Nutzmasse:	46.500 kg
Preis ca. Mill. US-$:	65,00	Tankkapazität:	150.900 l

Reisegeschwindigkeit:	900 km/h
Landegeschwindigkeit:	265 km/h
Dienstgipfelhöhe:	12.000 m
Startstrecke über 15 m Höhe:	3.400 m
Einsatzreichweite mit max. Nutzmasse:	8.500 km
Reichweite mit vollen Tanks:	11.500 km
Treibstoffverbrauch im Reiseflug:	10.800 l/h

Triebwerkanlage:	3 Mantelstromtriebwerke General Electric CF6-50C2B mit je 234 kN Standschub	
Kategorie:	Verkehrsflugzeug für Langstrecken, Passagiere 265–375, Crew 3/10	
Hersteller:	McDonnell Douglas Company, Werk Long Beach, USA	
Erstflug:	29. August 1970	Gebaute Maschinen: 446
Foto:	Continental Airlines/DC-10	

Continental

RAYTHEON/BEECH 1900C/D AIRLINER USA

Die ehemalige Beech Aircraft Company aus Wichita (Kansas) wurde durch ihre Sport- und Geschäftsreiseflugzeuge weltberühmt. Daneben baute das Unternehmen seit seinen Anfängen auch leichte Verkehrsflugzeuge für Regionalgesellschaften, das erste davon war die Travel Air 5000 für 4 Passagiere aus dem Jahre 1926.
Für den zunehmenden Regionalverkehr in der zweiten Hälfte der 70er Jahre entstand das Muster Beech 99 für 15 Passagiere, von ihr konnten etwa 200 Maschinen verkauft werden.
1982 entstand auf der Basis der populären Geschäftsreise-Turboprop King Air 200 das moderne Zubringermuster Beech 1900C für 19 Passagiere. Im Verhältnis zur King Air 200 bekam der Rumpf der Beech 1900C eine Streckung um 5 m, und im Bereich des Rumpfhecks sowie an dem Leitwerk wurden Luftleitbleche angebracht, um die Handhabung im unteren Geschwindigkeitsbereich zu verbessern. Ferner mußten die Betriebssysteme dem Airline-Standard angepaßt werden. Bei ihrer Indienststellung, im Februar 1984, zählte die Beech 1900C zu den komfortabelsten Mustern in ihrer Kategorie, denn sie bot eine druckbelüftete Kabine mit gehobener Ausstattung und eine Reisegeschwindigkeit von etwa 500 km/h. Bis 1991 verkaufte Beech von dem Muster 255 Einheiten, mehrheitlich an Abnehmer in den USA. 1990 begann die Flugerprobung mit der weiterentwickelten Beech 1900D. Sie unterscheidet sich von der C-Variante an dem um 35,5 cm größeren Rumpfquerschnitt im oberen Bereich und an den Winglets. Als einziges Muster in dieser Kategorie bietet die Beech 1900D eine Stehhöhe von 1,80 m in der Kabine und somit den besten Passagierkomfort. Mesa Airlines aus New Mexico war im Dezember 1991 der erste Betreiber der Beech 1900D, und mit 118 Maschinen ist die Gesellschaft mit Abstand der wichtigste Kunde der Baureihe Beech 1900C/D. In Europa hat die französische Proteus Airlines mit 10 Beech 1900D die größte Flotte außerhalb der USA. Im Sommer 1997 konnte die 500. Maschine der Baureihe 1900C/D ausgeliefert werden.
Einige Beech 1900C/D werden als Frachtflugzeuge für eilige Gütersendungen verwendet. Seit 1980 ist Beech eine Tochtergesellschaft des Konzernes Raytheon.

Abmessungen und technische Daten: Beech 1900D

Spannweite:	17,70 m	Rüstmasse:	4.785 kg
Länge:	17,60 m	max. Startmasse:	7.688 kg
Höhe:	4,55 m	max. Landemasse:	7.303 kg
Flügelfläche:	29,50 m²	max. Nutzmasse:	2.200 kg
Preis ca. Mill. US-$:	5,0	Tankkapazität:	2.646 l

Reisegeschwindigkeit:	535 km/h
Landegeschwindigkeit:	175 km/h
Dienstgipfelhöhe:	9.000 m
Startstrecke über 15 m Höhe:	1.300 m
Einsatzreichweite mit max. Nutzmasse:	925 km
Reichweite mit vollen Tanks:	3.300 km
Treibstoffverbrauch im Reiseflug:	350 l/h

Triebwerkanlage:	2 Propellerturbinen Pratt & Whitney of Canada PT6A-67D mit je 940 kW Startleistung	
Kategorie:	Verkehrsflugzeug für Regionalstrecken, Passagiere 19, Crew 2	
Hersteller:	Raytheon/Beech Aircraft Company, Werk Wichita, USA	
Erstflug:	1. März 1990	Gebaute Maschinen: 550
Foto:	Raytheon/Beech 1900D der Regionalgesellschaft Skyway aus USA	

SKYWAY
N881SK

SATIC A300-600 ST BELUGA

International

Zu den auffälligsten Mustern unter den großen Flugzeugen zählt ohne Zweifel das Frachtflugzeug Satic A300-600 ST Beluga. Mit dem Projekt A300-600 ST wurde 1991 begonnen, um ein Nachfolgemuster für die vier von Airbus Industrie eingesetzten Transporter Super Guppy zu entwickeln. Die Super Guppies dienten 25 Jahre als logistisches Transportrückrad von Airbus Industrie zum Transport der verschiedenen Bauteile von den Werken Bremen, Chester, Hamburg, Filton, Madrid und St. Nazaire zu den Endmontagewerken Hamburg und Toulouse, und sie mußten dringend ersetzt werden, weil sie altersschwach wurden, und weil ihre Transportkapazität der gestiegenen Produktion nicht mehr nachkam. Für das Projektmanagement A300-600 ST entstand die Firma SATIC – Special Air Transport International Company, an der zu je 50% Aerospatiale sowie die Daimler-Benz Aerospace beteiligt sind. Die A300-600 ST basiert weitgehend auf dem Verkehrsflugzeug A300-600R mit einem erweiterten Oberrumpf mit 7,4 m Durchmesser und 1400 m^3 Rauminhalt. Der große Zylinder hat eine Länge von 21,3 m, die gesamte Ladelänge beträgt 37,7 m, und die Nutzmasse variert je nach Frachtart zwischen 38 bis 45,5 t. Dieses riesige Volumen erlaubt die Unterbringung von zwei Tragflächen der A330/A340, ganze Rumpfsegmente aller Airbus-Typen oder zwei zusammengelegte Großhubschrauber Sikorsky CH-53. Um das Be- und Entladen durch das darüberliegende, hochklappbare Frachttor einfach zu gestalten, wurde der Cockpitbereich nach unten versetzt. Ferner mußte die Wirksamkeit des Leitwerks durch zusätzliche Leitflächen gesteigert werden. Während die Be- und Entladung einer Super Guppy etwa 100 Minuten dauerte, benötigt man bei der A300-600 ST nur 45 Minuten, bei der doppelten Transportmenge. Die erste A300-600 ST wurde im September 1995 ausgeliefert, die vorerst letzte und vierte Maschine kam im Sommer 1998 zum Einsatz. Bei Satic bemüht man sich die A300-600 ST an noch weitere Kunden zu verkaufen. Ferner gründete man die Firma Airbus Transport International zur Vermietung der vier A300-600 ST an interessierte Kunden mit sperrigen Transportgütern. Die volle Reichweite von 5000 km erzielt die A300-600 ST mit etwa 15 t Nutzmasse; mit 25 t Nutzmasse beträgt die Reichweite etwa 3900 km. Anfang 1998 wurde die fünfte A300-600 ST für die Lieferung im Jahre 2001 bestellt.

Abmessungen und technische Daten:

Spannweite:	44,84 m	Rüstmasse:	89.000 kg
Länge:	56,16 m	max. Startmasse:	153.000 kg
Höhe:	17,25 m	max. Landemasse:	140.000 kg
Flügelfläche:	260,00 m^2	max. Nutzmasse:	45.500 kg
Preis ca. Mill. US-$:	165,00	Tankkapazität:	60.000 l

Reisegeschwindigkeit:	780 km/h
Landegeschwindigkeit:	250 km/h
Dienstgipfelhöhe:	10.600 m
Startstrecke über 15 m Höhe:	2.200 m
Einsatzreichweite mit max. Nutzmasse:	1.660 km
Reichweite mit vollen Tanks:	5.000 km
Treibstoffverbrauch im Reiseflug:	6.200 l/h

Triebwerkanlage:	2 Mantelstromtriebwerke General Electric CF6-80C2 mit je 263 kN Standschub	
Kategorie:	Frachtflugzeug für sperrige Güter bis 45,5 t, Crew 3/0	
Hersteller:	SATIC, Deutschland/Frankreich	
Erstflug:	13. September 1994	Gebaute Maschinen: 4
Foto:	SATIC/A300-600 ST	

THE
SUPER
TRANSPORTER
AIRBUS
3
3

SAAB 340

Schweden

Mit etwa 420 im Einsatz befindlichen Maschinen ist die SAAB 340 eines der populärsten Muster in der Kategorie der modernen Zubringerflugzeuge mit Turboprop-Antrieb und für etwa 33 Passagiere. Das Muster entstand Anfang der 80er Jahre für die wachsenden Bedürfnisse der Regionalgesellschaften, und es ist ein Konkurrenzmuster zur brasilianischen Embraer Brasilia. Entwickelt wurde die SAAB 340 als Joint-venture-Projekt mit je 50% Anteil zwischen den Firmen Fairchild Aircraft aus den USA sowie SAAB aus Schweden. Die ursprüngliche Typenbezeichnung lautete Saab-Fairchild SF-340, und die Basisversion kam im Juni 1984 bei der Schweizer Regionalgesellschaft Crossair erstmals in den Passagiereinsatz. Crossair bestellte 25 Einheiten von dem Muster und war wesentlich an der Auslegung beteiligt. Nach einer Reorganisation bei Fairchild, trennte sich das Unternehmen 1986 von dem Projekt SF-340 und seitdem lautet die Typenbezeichnung SAAB 340. Nach der Basisversion, mit 11,8 t maximaler Startmasse, folgte im Herbst 1989 die SAAB 340B mit 12,9 t maximaler Startmasse und stärkeren Propellerturbinen mit je 1374 kW Startleistung. Als Option ist die SAAB 340B auch mit einer um 0,66 m größeren Spannweite erhältlich; sie bietet dann bessere Start- und Landeeigenschaften auf hochgelegenen Plätzen.

Mehrere SAAB 340 sind als Geschäftsreiseflugzeuge ausgeliefert worden, darunter die Sverige 001 an das Königspaar von Schweden. Im August 1996 konnte die 400. Maschine an American Eagle ausgeliefert werden. Die Gesellschaft hat mit 115 Einheiten die größte Flotte von der SAAB 340; es folgt die Northwest Airlink (Mesaba Airlines) mit 70 Einheiten. Bis Ende 1998 wurden etwa 420 SAAB 340 an knapp 40 Kunden weltweit ausgeliefert, und seit etwa zwei Jahren kommen nur noch wenige Aufträge für das Muster. Aus diesem Grund entschied man 1997 bei SAAB, die Produktion von Regionalflugzeugen bis zum Jahr 2000 ganz einzustellen, weil die geringe Auftragslage keine kostendeckende Produktion zuläßt. 1998 erwarb British Aerospace 35% der Firmenanteile von SAAB Aircraft für 269 Millionen Pfund.

Abmessungen und technische Daten: SAAB 340B

Spannweite:	21,44 m	Rüstmasse:	8.450 kg
Länge:	19,71 m	max. Startmasse:	13.155 kg
Höhe:	6,97 m	max. Landemasse:	12.930 kg
Flügelfläche:	41,80 m²	max. Nutzmasse:	3.500 kg
Preis ca. Mill. US-$:	8,5	Tankkapazität:	3.350 l

Reisegeschwindigkeit:	520 km/h
Landegeschwindigkeit:	190 km/h
Dienstgipfelhöhe:	8.400 m
Startstrecke über 15 m Höhe:	1.300 m
Einsatzreichweite mit max. Nutzmasse:	950 km
Reichweite mit vollen Tanks:	2.800 km
Treibstoffverbrauch im Reiseflug:	520 l/h

Triebwerkanlage:	2 Propellerturbinen General Electric CT7-9B mit je 1374 kW Startleistung	
Kategorie:	Verkehrsflugzeug für Regionalstrecken, Passagiere 33, Crew 2/1	
Hersteller:	SAAB-Scania, Werk Linköping, Schweden	
Erstflug:	25. Januar 1983	Gebaute Maschinen: 420
Foto:	SAAB/SAAB 340B von Japan Air Commuter	

JAC
JAPAN AIR COMMUTER

SAAB 2000

Schweden

1992 entstand auf der Basis der weltweit erfolgreichen SAAB 340 das erheblich vergrößerte Nachfolgemodell SAAB 2000. Ähnlich wie schon beim kleineren Muster SAAB 340, war auch bei der SAAB 2000 die Schweizer Crossair Erstkunde und maßgeblich am Design beteiligt. Crossair vergab 25 Festbestellungen plus 25 Optionen für das Muster. Äußerlich unterscheidet sich die SAAB 2000 von ihrer kleineren Schwestermaschine an dem 7,4 m verlängerten Rumpf, ferner hat sie 3,3 m mehr Tragflügelspannweite und fortschrittliche, sichelförmige Sechsblatt-Propeller mit einer geringen Geräuschentwicklung. Um der SAAB 2000 eine Geschwindigkeit von mehr als 650 km/h zu verleihen, verwendete man für den Antrieb zwei Propellerturbinen mit je 3000 kW Startleistung. Gegenüber Regionalflugzeugen mit Strahltriebwerken, ist die SAAB 2000 nur 100 km/h langsamer, sie bietet aber dafür eine bis zu 30% bessere Wirtschaftlichkeit. Am Bau der SAAB 2000 sind mehrere internationale Luftfahrtfirmen beteiligt, der Tragflügel wird von Casa in Spanien gefertigt, das Leitwerk produziert Valmet aus Finnland und das Rumpfheck baut Westland aus Großbritannien. Crossair stellte seine erste SAAB 2000 im August 1994 in den Regionalverkehr, das Muster hat bei dieser Gesellschaft den Beinamen »Concordino«. Leider entwickelte sich der Absatzmarkt für die SAAB 2000 nicht nach den Erwartungen, und bis 1998 gingen nur etwa 50 Bestellungen für das Muster ein. Dabei spielt auch die gegenwärtige Euphorie der Regionalgesellschaften für Jetmuster eine negative Rolle für die SAAB 2000 und ferner der zur Zeit relativ geringe Treibstoffpreis auf dem Weltmarkt.
Ähnlich wie mit der SAAB 340, wird auch die SAAB 2000 nur noch bis zum Jahr 2000 in der Produktion bleiben, bevor die Fertigung ganz eingestellt wird. Drei SAAB 2000 wurden in einer komfortablen Geschäftsreiseversion ausgeliefert, und das Muster wird auch als fliegende Frühwarnstation mit einer umfangreichen Radarausrüstung angeboten.

Abmessungen und technische Daten: SAAB 2000

Spannweite:	24,76 m	Rüstmasse:	14.000 kg
Länge:	27,03 m	max. Startmasse:	22.800 kg
Höhe:	7,73 m	max. Landemasse:	21.500 kg
Flügelfläche:	55,70 m²	max. Nutzmasse:	5.000 kg
Preis ca. Mill. US-$:	15,00	Tankkapazität:	5.200 l

Reisegeschwindigkeit:	685 km/h
Landegeschwindigkeit:	200 km/h
Dienstgipfelhöhe:	9.500 m
Startstrecke über 15 m Höhe:	1.300 m
Einsatzreichweite mit max. Nutzmasse:	1.850 km
Reichweite mit vollen Tanks:	2.700 km
Treibstoffverbrauch im Reiseflug:	985 l/h

Triebwerkanlage:	2 Propellerturbinen Allison/Rolls-Royce AE2100A mit je 3.056 kW Startleistung	
Kategorie:	Verkehrsflugzeug für Regionalstrecken, Passagiere 50, Crew 2/2	
Hersteller:	siehe SAAB 340	
Erstflug:	26. März 1992	Gebaute Maschinen: 50
Foto:	Crossair/SAAB 2000 der Crossair aus der Schweiz	

crossair

SIKORSKY S-92 HELIBUS

USA

Die Sikorsky Aircraft Company in Stratford, Connecticut, zählt seit etwa 50 Jahren zu den führenden Produzenten von Hubschraubern für den militärischen sowie zivilen Bereich. Der Gründer des Unternehmens, Igor Sikrosky, kam nach dem 1. Weltkrieg als russischer Emigrant nach USA und gründete bereits 1923 in der neuen Heimat einen Luftfahrtbetrieb. Im September 1939 beginnt Sikorsky mit den Flugtest seines ersten Hubschraubers VS-300, und 1943 beginnt die Lieferung des ersten serienreifen Hubschraubers R-4 an die U.S.Navy.
Aufbauend auf der Tradition der mittelschweren Typen, wie z. B. dem S-61, steht seit 1992 das neueste Projekt S-92 in der Entwicklung. Auf dem Aerosalon in Paris, im Juni 1995, gab Sikorsky den Baubeginn für den S-92 bekannt, der Beginn der Flugerprobung wurde für Ende 1998 angesetzt. Für die Flugerprobung stehen gegenwärtig 5 Testmaschinen in der Fertigung, 3 davon sind für den Militäreinsatz ausgelegt und 2 für den zivilen Betrieb. An dem Projekt S-92 sind 5 internationale Firmen mit insgesamt 27% Anteil als Risikopartner beteiligt, darunter Embraer aus Brasilien, Gamesa aus Spanien und Mitsubishi Heavy Industries aus Japan. Neben den militärischen Varianten wird der S-92 in den zivilen Varianten S-92 Helibus als Passagierhubschrauber mit 19 Sitzen angeboten und in der Mehrzweckausführung S-92 IU = International Utility mit 3 t Nutzmasse. Die Kabine des S-92 ist 2 m breit, 1,83 m hoch und 5,67 m lang. Sperrige Güter bis 4,5 t können extern an einem Lasthaken transportiert werden. Für längere Streckeneinsätze kann die normale Tankkapazität von 1500 l um 915 l gesteigert werden. Das Zulassungsprogramm soll im Jahre 2000 abgeschlossen sein und zur gleichen Zeit will man mit den Ablieferungen des S-92 beginnen. Über feste Bestellungen oder Optionen auf den S-92 hat Sikorsky noch keine Angaben gemacht.
Der S-92 zählt zur neuesten Generation von Hubschraubern in der Klasse von etwa 10 t Flugmasse und eignet sich als Nachfolger für den S-61 oder andere Typen in dieser Klasse. Die Sikorsky Aircraft Company ist heute eine Tochtergesellschaft von United Technologies mit etwa 13.000 Beschäftigten.

Abmessungen und technische Daten: S-92 Helibus

Hauptrotordurchmesser:	17,10 m	Rüstmasse:	7.300 kg
Rumpfplänge:	17,70 m	max. Startmasse:	11.430 kg
Höhe:	6,38 m	max. Nutzmasse:	2.800 kg
Preis ca. Mill. US-$:	11,0	Tankkapazität:	1.500 l

Höchstgeschwindigkeit:	290 km/h
Reisegeschwindigkeit:	260 km/h
Dienstgipfelhöhe:	4.500 m
Schwebehöhe ohne Bodeneffekt:	2.225 m
Schwebehöhe mit Bodeneffekt:	3.500 km
max. Reichweite:	910 km
Treibstoffverbrauch im Reiseflug:	550 l/h

Triebwerkanlage:	2 Turbinen General Electric CT7-8 mit je 1.790 kW Startleistung	
Kategorie:	Passagierhubschrauber für 19 Passagiere, Crew 2/0	
Hersteller:	Sikorsky Aircraft Company, Werk Stratford, USA	
Erstflug:	Oktober 1998	Gebaute Maschinen: 4
Foto:	Sikorsky/Prototyp S-92 Helibus	

TUPOLEW TU-154 GUS

Mit etwa 1000 gebauten Einheiten ist der Mittelstreckenjet Tupolew TU-154 das erfolgreichste Verkehrsflugzeug aus der ehemaligen Sowjetunion. Mit der Entwicklung der TU-154 wurde das Konstruktionsbüro Tupolew Mitte der 60er Jahre beauftragt, die konstruktiven Vorgaben lauteten für ein Muster mit 150 Passagiersitzen zum Einsatz auf etwa 3000 km langen Routen. Die Auslegung des Musters entspricht der damaligen Bauweise, wie z. B. der amerikanischen Boeing 727, mit drei am Heck angeordneten Mantelstromtriebwerken. Ferner hat die TU-154 die einst Tupolew-spezifische Tragflügelkonstruktion mit einer negativen V-Form und großen Radkästen an der hinteren Flügelkante. Das Fahrwerk der TU-154 hat eine große Spurweite für Landungen bei stärkeren Seitenwinden, und es hat insgesamt 14 Räder, für eine günstige Gewichtsverteilung bei Einsätzen auf kleineren Flugplätzen. Die Basisversion der TU-154 kam 1972 bei der Aeroflot erstmals in den Passagiereinsatz, sie löste auf wichtigen Mittelstrecken die Muster IL-18 sowie TU-104 ab. Die Basisversion hatte bei Aeroflot 144 Passagiersitze, 86 t Startmasse und etwa 3000 km Einsatzreichweite. 1974 folgte die verstärkte Ausführung TU-154A mit 90 t Startmasse und 1976 kam die 96 t schwere TU-154B auf den Markt. 1972 begann auch der Export der TU-154, Erstkunde war die rumänische Tarom, und später kauften alle Airlines des ehemaligen Ostblocks dieses Muster. Am fortschrittlichsten ist die Version TU-154M, sie hat u. a. wirtschaftlichere Triebwerke, einen neugestalteten Tragflügel und eine modernisierte Cockpitausrüstung, die es erlaubt die Crew von einst 5 auf 3 zu reduzieren. Die TU-154M kam 1984 erstmals in den Liniendienst, und sie wurde auch in Länder außerhalb des Ostblocks exportiert, u. a. nach Kuba, Nordkorea, Mosambik und in die VR China. Von Aeroflot wird die TU-154M mit 8/146 Sitzen in einer Zweiklassen-Konfiguration eingesetzt, oder mit 164 Sitzen in der Einheitsklasse. Die Produktion der TU-154M geht in kleinen Stückzahlen weiter, weil kein anderes Muster in der GUS die dortigen Einsatzbedingungen besser erfüllt als die robuste und kostengünstige TU-154M.

Abmessungen und technische Daten: TU-154M

Spannweite:	37,55 m	Rüstmasse:	58.800 kg
Länge:	47,90 m	max. Startmasse:	100.000 kg
Höhe:	11,40 m	max. Landemasse:	80.000 kg
Flügelfläche:	201,50 m²	max. Nutzmasse:	18.000 kg
Preis ca. Mill. US-$:	15,00	Tankkapazität:	49.700 l

Reisegeschwindigkeit:	900 km/h
Landegeschwindigkeit:	250 km/h
Dienstgipfelhöhe:	12.000 m
Startstrecke über 15 m Höhe:	2.800 m
Einsatzreichweite mit max. Nutzmasse:	3.900 km
Reichweite mit vollen Tanks:	5.800 km
Treibstoffverbrauch im Reiseflug:	6.000 l/h

Triebwerkanlage:	3 Mantelstromtriebwerke Soloview/Aviadvigatel D-30-KU-154II mit je 108 kN Standschub	
Kategorie:	Verkehrsflugzeug für Mittelstrecken, Passagiere 154–164, Crew 3/4	
Hersteller:	Tupolew/Aviacor, Werk Samara, GUS	
Erstflug:	4. Juni 1968	Gebaute Maschinen: 1.000
Foto:	Aeroflot/TU-154M	

TUPOLEW TU-204

GUS

Mit der Entwicklung der Tupolew TU-204 wurde 1985 begonnen, und die Maschine entspricht größenmäßig sowie äußerlich der amerikanischen Boeing 757. Die TU-204 ist als logischer Nachfolger der immer noch produzierten TU-154 gedacht, mit etwa 25% mehr Transportkapazität. Ausgestattet mit einer Cockpittechnologie für nur 2 Piloten sowie zeitgerechten Bildschirmanzeigen und Mantelstromtriebwerken mit besserer Wirtschaftlichkeit, ist die TU-204 ein erheblicher, technologischer Fortschritt gegenüber der TU-154. Der Prototyp der TU-204 begann im Januar 1989 mit seiner Flugerprobung, die sich dann aber acht Jahre dahinzog, weil die finanziellen Mittel für das Projekt knapp waren. Nach der politischen/wirtschaftlichen Wende im gesamten ehemaligen Ostblock, wurde auch das Projekt TU 204 stark betroffen, denn die ursprünglichen Abnehmer für das Muster konnten ab sofort wirtschaftlichere und ausgereiftere Muster aus dem Westen erwerben. Die einst für den konkurrenzlosen Markt im Ostblock entwickelte TU-204 kann sich in der ursprünglichen Auslegung mit den relativ unwirtschaftlichen russischen Turbofans PS-90A nicht der weltweiten Konkurrenz stellen. Aus diesem Grund entwickelte man in Zusammenarbeit mit dem Joint-venture-Unternehmen Bravia die Variante TU-204-120, die für den Antrieb den britischen Turbofan Rolls-Royce RB.211-535 verwendet. Ferner hat diese Variante auch eine westliche Avionik und zahlreiche Betriebssysteme von westlichen Herstellern. Die Flugerprobung der TU-204-120 begann im März 1996, und sie kam im Herbst 1997 erstmals bei der russischen Gesellschaft KrasAir in den Liniendienst, die Gesellschaft bestellte 20 Einheiten. Die Variante TU-234 hat einen um 6,0 m gekürzten Rumpf für maximal 160 Passagiere und mehr Reichweite sowie die gleiche Passagierkapazität wie die ältere TU-154. Für den reinen Frachteinsatz wird die Variante TU-204C angeboten. Die Basisversion Tu-204-100 mit den russischen Turbofans PS-90A mit je 157 kN Standschub und 98 t Startmasse bleibt für den inländischen Markt im Angebot. In einer Zweiklassen-Konfiguration bietet die TU-204 Platz für 12/184 Passagiere, bei einheitlicher Bestuhlung können bis zu 214 Passagiere befördert werden.

Abmessungen und technische Daten: TU-204-120

Spannweite:	41,80 m	Rüstmasse:	59.500 kg
Länge:	46,10 m	max. Startmasse:	103.000 kg
Höhe:	13,90 m	max. Landemasse:	88.000 kg
Flügelfläche:	184,00 m²	max. Nutzmasse:	21.000 kg
Preis ca. Mill. US-$:	45,00	Tankkapazität:	31.000 l

Reisegeschwindigkeit:	890 km/h
Landegeschwindigkeit:	250 km/h
Dienstgipfelhöhe:	12.600 m
Startstrecke über 15 m Höhe:	2.600 m
Einsatzreichweite mit max. Nutzmasse:	3.000 km
Reichweite mit vollen Tanks:	4.000 km
Treibstoffverbrauch im Reiseflug:	4.800 l/h

Triebwerkanlage:	2 Mantelstromtriebwerke Rolls-Royce RB.211-535E4 mit je 190 kN Standschub
Kategorie:	Verkehrsflugzeug für Mittelstrecken, Passagiere 196-214, Crew 2/6
Hersteller:	Tupolew/Aviastar, Werk Kazan und Uljanowsk, GUS
Erstflug:	2. Januar 1989 — Gebaute Maschinen: 20 (alle Versionen)
Foto:	H. Kreuzer/TU-204-100 von Permskije Avialinii

ПЕРМСКИЕ АВИАЛИНИИ

Revue der Lufthansa-Flugzeuge

Von der Metropolitan zum Airbus

120 Seiten, 22,5 x 24 cm
110 Farbfotos 16 x 20 cm
ISBN 3-9802101-8-9

DM 48.-

Ein hochwertiger Bildband mit den schönsten Farbaufnahmen der Lufthansa-Flugzeuge, beginnend mit der Convair Metropolitan von 1955 bis zum Airbus A319 von 1996.

Die Edition ist eine Bildgallerie aller von Lufthansa eingesetzten Flugzeugtypen zwischen 1955 und 1996, ohne den aufwendigen Text von Fachbüchern.

Business Jets

BOMBARDIER GLOBAL EXPRESS

Kanada

Der Global Express ist ein Business Jet der Superlative und er kam im Sommer 1998 erstmals zum Einsatz. Mit acht Reisenden und vier Besatzungsmitgliedern beträgt seine Reichweite etwa 12.000 km, bei 880 km/h Reisegeschwindigkeit. Das Projekt Global Express wurde 1991 von Bombardier angekündigt, nach positiven Marktanalysen für ein Geschäftsreiseflugzeug mit sehr hoher Reichweite als komfortables Transportmittel für hochrangige Regierungsmitglieder sowie für das Top-Management von großen Konzernen. Im Dezember 1993 erhielt das Projekt G.E. das Goahead; es ist gleichzeitig das erste Luftfahrtprodukt, das den Namen Bombardier trägt. Bombardier Aerospace ist die Luftfahrtabteilung des mächtigen kanadischen Konzerns Bombardier Inc. mit weltweit etwa 41.000 Beschäftigten und rund 8 Milliarden US-$ Umsatz.

An der Entwicklung und dem Bau des G.E. sind zu etwa 50% internationale Partnerfirmen beteiligt, darunter die BMW/Rolls-Royce GmbH aus Deutschland, verantwortlich für den Antrieb mit dem fortschrittlichen Turbofan BR710, ferner Mitsubishi Heavy Industries Ltd. aus Japan, verantwortlich für den Mittelrumpf sowie den Tragflügel inklusive der Steuerflächen, Messier Dowty International liefert das Fahrwerk, und die Bombardier-Tochterfirma Short aus Nordirland liefert das Höhenleitwerk sowie diverse Verkleidungen. Des weiteren sind an dem Projekt Firmen aus den USA, Großbritannien sowie Frankreich für die Ausrüstung der Kabine und des Cockpits zuständig. Für die Entwicklung des G.E. bis zur Serienreife waren Investitionen von etwa einer Milliarde US-$ notwendig, die man nach dem Verkauf von rund 100 Einheiten bezahlt sieht. Bis zum Sommer 1998 gingen 80 feste Bestellungen für den G.E. ein, und Bombardier rechnet bis zum Jahr 2010 mit weiteren 150 bis 200 Bestellungen.

Die Kabine des »Office in the Sky«, wie der G.E. von Bombardier verbal vermarktet wird, hat eine Nutzfläche von 31 m², sie ist 14,6 m lang, 2,49 m breit und 1,91 m hoch. Im Zentrum der Kabine befindet sich ein Konferenz- und Dinnerraum, im vorderen Bereich ist das Sekretariat sowie die Ruheräume der Crew, hinten in der Kabine ist ein Badezimmer und die Schlafräume für die Gäste.

Abmessungen und technische Daten:

Spannweite:	28,50 m	Rüstmasse:	22.400 kg
Länge:	30,30 m	max. Startmasse:	42.412 kg
Höhe:	7,60 m	max. Landemasse:	35.653 kg
Flügelfläche:	94,95 m²	max. Nutzmasse:	3.250 kg
Preis ca. Mill. US-$:	36,0	Tankkapazität:	24.600 l

Reisegeschwindigkeit:	905 km/h
Landegeschwindigkeit:	235 km/h
Dienstgipfelhöhe:	15.545 m
Startstrecke über 15 m Höhe:	1.750 m
Einsatzreichweite mit max. Nutzmasse:	9.600 km
Reichweite mit vollen Tanks:	12.000 km
Treibstoffverbrauch im Reiseflug:	1.600 l/h

Triebwerkanlage:	2 Mantelstromtriebwerke BMW/Rolls-Royce BR710-48-C2 mit je 65,3 kN Standschub	
Kategorie:	Geschäftsreiseflugzeug für Langstrecken, Passagiere 8–14, Crew 2–4	
Hersteller:	Bombardier Aerospace, Werk Montreal, Kanada	
Erstflug:	13. Oktober 1996	Gebaute Maschinen: 15
Foto:	Bombardier/Aerospace/Prototyp Global Express	

GLOBAL EXPRESS
C-FBGX

BOMBARDIER/LEARJET 31A/45 USA

Die Geschäftsreisejets der Marke Learjet zählen zu den populärsten und mit etwa 1900 ausgelieferten Maschinen auch zu den erfolgreichsten in dieser Klasse. Die Learjet Story begann vor etwa 40 Jahren, als der legendäre William P. Lear die Lear Jet Corporation gründete und 1964 den ersten Business Jet mit seinem Namen auf den Markt brachte. Das Basismodell Learjet 23 hat zwei Strahltriebwerke CJ610 mit je 12 kN Standschub, die maximale Startmasse beträgt 5,7 t, die Reichweite mit 4 Passagieren 3700 km und es hat eine Spitzengeschwindigkeit von 920 km/h. Dank einer anfangs fehlenden Konkurrenz und seiner bestechenden Flugleistungen wurde der Learjet rasch auf der ganzen Welt ein Bestseller.
Der Verkaufserfolg des Learjets führte zu einer ganzen Serie von vergrößerten Varianten, unterteilt in die Serien 20/30/40/50 und 60. Das Modell Learjet 35 erhielt 1973 erstmals die fortschrittlichen Turbofans, einen neuen Tragflügel und eine Rumpfstreckung für 6 bis 8 Passagiere. Die kleinste gegenwärtig produzierte Version ist der Learjet 31A, der seit 1990 auf dem Markt verfügbar ist. Der Learjet 31A hat den ursprünglichen schmalen Rumpf dieser Baureihe mit nur 1,3 m Stehhöhe in der Kabine, er wird gewöhnlich mit 4 bis 6 Passagieren eingesetzt, seine Reichweite beträgt 2200 km, und er wird zum attraktiven Preis von nur 4,5 Millionen US-$ angeboten. Im Herbst 1997 kam das Modell Learjet 45 auf den Markt, es ist der Nachfolger für den Learjet 31A. Die neue Variante hat eine größere Kabine für 6 bis 8 Passagiere, mit 1,5 m Stehhöhe, 1,55 m Breite und 6,0 m Länge. Ferner wurde die ganze Innenausstattung sowie die Avionik auf den neuesten Stand angehoben, und die Flugleistungen liegen erheblich über denen der Learjet 31A, z. B. die Reichweite von 3100 km. Die Produktion des Learjet 45 teilen sich die Bombardier-Firmen Shorts/Großbritannien (Rumpf inklusive Leitwerk), de Havilland/Kanada (alle übrigen Bauteile außer den Triebwerken) und Learjet, zuständig für die Endmontage, das Einfliegen und das Marketing. Für das Muster liegen über 120 feste Bestellungen vor.

Abmessungen und technische Daten: Learjet 45

Spannweite:	14,60 m	Rüstmasse:	5.900 kg
Länge:	17,70 m	max. Startmasse:	9.163 kg
Höhe:	4,30 m	max. Landemasse:	8.708 kg
Flügelfläche:	26,30 m²	max. Nutzmasse:	1.200 kg
Preis ca. Mill. US-$:	7,6	Tankkapazität:	3.400 l

Reisegeschwindigkeit:	800 km/h
Landegeschwindigkeit:	220 km/h
Dienstgipfelhöhe:	15.545 m
Startstrecke über 15 m Höhe:	1.450 m
Einsatzreichweite mit max. Nutzmasse:	3.000 km
Reichweite mit vollen Tanks:	4.400 km
Treibstoffverbrauch im Reiseflug:	610 l/h

Triebwerkanlage:	2 Mantelstromtriebwerke AlliedSignal TFE731-20 mit je 15,56 kN Standschub
Kategorie:	Geschäftsreiseflugzeug für Mittelstrecken, Passagiere 6–8, Crew 2
Hersteller:	Bombardier Aerospace/Learjet, Werk Tucson, USA
Erstflug:	7. Oktober 1995 — Gebaute Maschinen: 200/Learjet 31A + 45
Foto:	Learjet/Learjet 45

N456LJ

BOMBARDIER/LEARJET 60 USA

Im Frühjahr 1981 begann die Auslieferung der Learjet 55, die sich von den Vorgängermodellen hauptsächlich durch einen Rumpf mit etwa 50% mehr Durchmesser unterscheidet. Wegen der relativ großen Winglets wird diese Variante manchmal auch Longhorn 55 genannt; ihre maximale Startmasse beträgt 8,8 t, und mit vier Passagieren liegt die Einsatzreichweite bei 4500 km. Als Option waren auch die Varianten Learjet 55ER/LR erhältlich, mit einem größeren Tankvolumen und bis zu 5500 km Reichweite.

Im Juni 1990 wechselte der Besitz der Firma Learjet von dem Vorbesitzer Gates zu der Bombardier-Gruppe in Kanada.

Das größte und schwerste Muster in der Typenreihe Learjet ist seit 1990 der Learjet 60. Abstammend von dem Learjet 55, hat der Learjet 60 eine Rumpfstreckung um 1,1 m und mehr Passagierkomfort in der 1,75 m hohen Kabine für maximal 10 Passagiere. Ähnlich wie der neueste Learjet 45, hat auch der Learjet 60 zwei große, deltaförmige Flächen unter dem Rumpfheck zur besseren Flugstabilität. Der Antrieb der Learjet 60 besteht aus den wirtschaftlichen Turbofans PW305A mit je 20,46 kN Standschub, der sich ferner durch einen besonders geringen Geräuschpegel auszeichnet. Der Learjet 60 kam im April 1993 erstmals auf den Markt, und bis zum Sommer 1998 verkaufte man rund 120 Einheiten. Mit vier Passagieren hat diese Variante etwa 4200 km Einsatzreichweite, und sie ist damit in der Lage zahlreiche Metropolen innerhalb Nordamerikas nonstop zu verbinden. Der Learjet 60 kann in 19 Minuten auf eine Höhe von 12.500 m steigen und die maximale Machzahl beträgt 0,81, etwa 835 km/h. Die Firma Learjet beschäftigt heute etwa 4500 Mitarbeiter; im Werk Tucson/Arizona erfolgt die Endmontage der Learjets, während in Wichita/Kansas das Testzentrum angesiedelt ist. Wichita ist ferner auch das Testzentrum für die anderen neuen Flugzeugmuster der Bombardier Aerospace.

Abmessungen und technische Daten:

Spannweite:	13,34 m	Rüstmasse:	6.550 kg
Länge:	17,87 m	max. Startmasse:	10.659 kg
Höhe:	4,48 m	max. Landemasse:	8.845 kg
Flügelfläche:	24,55 m²	max. Nutzmasse:	880 kg
Preis ca. Mill. US-$:	8,5	Tankkapazität:	4.485 l

Reisegeschwindigkeit:	835 km/h
Landegeschwindigkeit:	235 km/h
Dienstgipfelhöhe:	15.545 m
Startstrecke über 15 m Höhe:	1.650 m
Einsatzreichweite mit max. Nutzmasse:	3.500 km
Reichweite mit vollen Tanks:	4.200 km
Treibstoffverbrauch im Reiseflug:	650 l/h

Triebwerkanlage:	2 Mantelstromtriebwerke Pratt & Whitney Canada PW305A mit je 20,46 kN Standschub	
Kategorie:	Geschäftsreiseflugzeug für Mittel- und Langstrecken, Passagiere 6–8, Crew 2	
Hersteller:	Bombardier Aerospace/Learjet Inc., Werk Tucson, USA	
Erstflug:	18. Oktober 1990	Gebaute Maschinen: 120
Foto:	Learjet/Learjet 60	

BOMBARDIER/CANADAIR CHALLENGER

Kanada

Der Canadair Challenger zählt zu den komfortabelsten Geschäftsreiseflugzeugen der Gegenwart, und weltweit werden etwa 400 Maschinen eingesetzt. Seine Auslieferung begann im Dezember 1980, und seine Attribute sind eine besonders geräumige Wide-body-Kabine, ein sehr geringer Geräuschpegel sowie eine interkontinentale Reichweite. Die Ursprünge des Challengers reichen zurück bis Anfang der 70er Jahre, als der berühmte William Lear das Projekt LearStar 600 für einen interkontinentalen Business Jet schuf. Die Firma Canadair in Montreal erwarb 1976 dieses Projekt von Lear und modifizierte es zu dem eigenen Entwurf CL600 Challenger. Von der Basisversion Challenger 600 wurden insgesamt 84 Einheiten ausgeliefert, der Antrieb dieser Version besteht aus zwei Turbofans Avco-Lycoming ALF502L mit je 34 kN Standschub, die maximale Startmasse beträgt 18,3 t und die Reichweite mit 5 Passagieren liegt bei 5500 km. Es folgte die verstärkte Version Challenger 601-1A mit den fortschrittlicheren Turbofans General Electric CF34 mit je 38,5 kN Standschub, ferner mit größeren Tanks für 6500 km Reichweite und erstmals mit den modischen Winglets; Erstauslieferung war 1983; und es wurden 66 verkauft. 1987 folgte die Challenger 601-3A; ihre Verbesserungen betreffen die aufwendigere Avionik mit Bildschirmanzeigen, ferner modifizierte Triebwerke und eine Strukturverstärkung für eine maximale Startmasse von 20,2 t. Die Version wurde in 193 Einheiten verkauft.

Im Januar 1996 begann die Auslieferung der neuesten Version Challenger 604 mit einer Reichweite von 7550 km.

Neben einer weiteren Strukturverstärkung, leichteren Carbon-Bremsen, größeren Tanks und wirtschaftlicheren Triebwerken, hat diese Top-Version des Challengers eine neue Avionik der Marke Collins Pro Line 4. Die Halter des Challengers sind in erster Linie große Konzerne, aber auch zahlreiche Regierungen haben dieses komfortable Flugzeug als Transportmittel gewählt, darunter auch einige Staaten des ehemaligen Ostblocks. Für die Deutsche Regierung werden sieben Challenger von der Flugbereitschaft des Bundesministeriums für Verteidigung vom Flughafen Köln/Bonn aus eingesetzt.

Abmessungen und technische Daten: Challenger 604

Spannweite:	19,60 m	Rüstmasse:	12.100 kg
Länge:	20,85 m	max. Startmasse:	21.600 kg
Höhe:	6,30 m	max. Landemasse:	17.237 kg
Flügelfläche:	45,80 m²	max. Nutzmasse:	2.400 kg
Preis ca. Mill. US-$:	22,0	Tankkapazität:	11.340 l

Reisegeschwindigkeit:	860 km/h
Landegeschwindigkeit:	220 km/h
Dienstgipfelhöhe:	12.500 m
Startstrecke über 15 m Höhe:	1.750 m
Einsatzreichweite mit max. Nutzmasse:	5.800 km
Reichweite mit vollen Tanks:	7.550 km
Treibstoffverbrauch im Reiseflug:	1.190 l/h

Triebwerkanlage:	2 Mantelstromtriebwerke General Electric CF34-3B mit je 38,84 kN Standschub	
Kategorie:	Geschäftsreiseflugzeug für Langstrecken, Passagiere 7–12, Crew 2/3	
Hersteller:	Bombardier Aerospace/Canadair, Werk Montreal, Kanada	
Erstflug:	8. November 1978	Gebaute Maschinen: 400
Foto:	Bombardier Aerospace Challenger 604	

CESSNA 525 CITATIONJET USA

Auf der jährlichen National Business Aircraft Association – NBAA 1989 in Atlanta/Georgia, kündigte Cessna sein neuestes und gleichzeitig das kleinste Mitglied der erfolgreichen Citation-Serie an. Es handelt sich dabei um das Muster Cessna 525 CitationJet, das die ursprüngliche Basisversion Cessna 500 Citation I ersetzt. Ausgestattet mit 4 bis 6 Sitzen und mit einem Kaufpreis von etwa 3,5 Millionen US-$, ist der CitationJet das ideale Einstiegsmuster in die Kategorie der Business Jets. Gegenüber der etwa gleichgroßen Citation I ist der CitationJet dank einer fortschrittlichen Bauweise nahezu 900 kg leichter, er braucht erheblich weniger Treibstoff, und der Passagierkomfort wurde durch eine um 13 cm höhere Kabine gesteigert. Die gerade Tragflügelgeometrie, ein Markenzeichen mehrerer Citation-Modelle, wurde beim CitationJet beibehalten, allerdings erhielt der Flügel ein fortschrittliches Profil nach den neuesten aerodynamischen Erkenntnissen. Ein wesentlicher Leistungs- und Wirtschaftsfaktor beim CitationJet sind die neuen Mini-Turbofans Williams FJ44 mit 8,45 kN Standschub. Diese innovativen Mantelstromtriebwerke haben gegenüber der älteren Bauart nur noch etwa 700 Bauteile, sie haben ein Einzelgewicht von 205 kg und benötigen ein Minimum an Wartung. Mit 2 Piloten und 4 Passagieren hat der CitationJet eine Einsatzreichweite von 2750 km.

Nach einer problemlosen Flugerprobung, begann im März 1993 die Auslieferung des CitationJets und das Muster wurde vom Markt gut angenommen, denn bereits nach zwei Jahren konnte das 100. Exemplar ausgeliefert werden. Im Sommer 1998 standen über 250 CitationJets weltweit im Einsatz. 1993 entstand auf der Basis des CitationJets der Prototyp des Militärtrainers Cessna 526, ausgerüstet mit zwei Tandemsitzen für den Flugschüler und den Fluglehrer. Die US-Streitkräfte entschieden sich dann aber für ein anderes Muster für die Pilotenschulung.

Die 1927 von Clyde Cessna gegründete Cessna Aircraft Company baute bis heute etwa 180.000 Flugzeuge, mehrheitlich leichte Reise- und Sportflugzeuge sowie 2000 Militärtrainer T-37.

Abmessungen und technische Daten:

Spannweite:	14,28 m	Rüstmasse:	3.160 kg
Länge:	12,98 m	max. Startmasse:	4.717 kg
Höhe:	4,20 m	max. Landemasse:	4.399 kg
Flügelfläche:	22,30 m^2	max. Nutzmasse:	608 kg
Preis ca. Mill. US-$:	3,5	Tankkapazität:	1.825 l

Reisegeschwindigkeit:	706 km/h
Landegeschwindigkeit:	170 km/h
Dienstgipfelhöhe:	12.500 m
Startstrecke über 15 m Höhe:	990 m
Einsatzreichweite mit max. Nutzmasse:	2.000 km
Reichweite mit vollen Tanks:	2.750 km
Treibstoffverbrauch im Reiseflug:	425 l/h

Triebwerkanlage:	2 Mantelstromtriebwerke Williams FJ44-1A mit je 8,45 kN Standschub	
Kategorie:	Geschäftsreiseflugzeug für Kurzstrecken, Passagiere 4–6, Crew 2	
Hersteller:	Cessna Aircraft Company, Werk Wichita, USA	
Erstflug:	29. April 1991	Gebaute Maschinen: 300
Foto:	Cessna Aircraft	

CESSNA 550 CITATION BRAVO

USA

1967 gab die Cessna Aircraft Company die Entwicklung ihres ersten Business Jets bekannt. Das Projekt bekam die Typenbezeichnung Cessna 500 »Citation«, und 1969 begann die Flugerprobung. Am 21. September 1971 erhielt die Gesellschaft West Wind Aviation in Kanada das erste Flugzeug der Baureihe Citation. Die Basisversion hat Platz für 4 bis 6 Passagiere, die Reisegeschwindigkeit beträgt etwa 650 km/h, und die Vorzüge dieses Musters waren damals eine hohe Wirtschaftlichkeit bei einem sehr günstigen Anschaffungspreis. Nach einer guten Akzeptanz auf dem Weltmarkt kündigte Cessna 1976 die weiterentwickelten Modelle Citation I/II/III an. Die Auslieferung der Citation I begann 1977, und bis zum Ende der Produktion 1985 verkaufte man inklusive der Basisversion insgesamt 685 Maschinen.
Als erste vergrößerte Ausführung erschien 1978 die Cessna 550 Citation II auf dem Markt; sie wurde mit 865 verkauften Einheiten die erfolgreichste Variante aller Citations und blieb bis 1995 in der Produktion. Gegenüber der Basisversion hat die Citation II einen um 1,15 m längeren Rumpf für 7 bis 9 Passagiere, 2,0 m mehr Tragflügelspannweite, schubstärkere Triebwerke für die höhere Flugmasse, und mit 5 Passagieren liegt die Reichweite bei etwa 2700 km. 1984 kam die detailverbesserte Version Citation S/II auf den Markt, die es aber bis 1989 nur auf 159 verkaufte Einheiten brachte. Äußerlich unterscheidet sich die Citation S/II gegenüber der Citation II an dem neugestalteten Tragflügel mit einer Pfeilung am Wurzelbereich. Im Herbst 1994 kündigte Cessna die Entwicklung der Citation Bravo an. Sie ist das Nachfolgemodell für die Citation II/SII, und sie begann im April 1995 mit der Flugerprobung. Die Citation Bravo basiert auf der Zelle der Citation II und hat als Antrieb das fortschrittlichere Triebwerk PW530A, ein neues Avioniksystem des Typs Honeywell Primus 1000 sowie mehr Raum im Cockpit und in der Kabine dank einer neuen Kabinengestaltung. Mit der Auslieferung der Citation Bravo wurde im Frühjahr 1997 begonnen, bis zum Sommer 1998 konnten etwa 30 Einheiten verkauft werden.

Abmessungen und technische Daten: Citation Bravo

Spannweite:	15,90 m	Rüstmasse:	3.985 kg
Länge:	14,39 m	max. Startmasse:	6.486 kg
Höhe:	4,57 m	max. Landemasse:	6.123 kg
Flügelfläche:	31,70 m²	max. Nutzmasse:	985 kg
Preis ca. Mill. US-$:	5,0	Tankkapazität:	2.756 l

Reisegeschwindigkeit:	730 km/h
Landegeschwindigkeit:	180 km/h
Dienstgipfelhöhe:	13.105 m
Startstrecke über 15 m Höhe:	1.050 m
Einsatzreichweite mit max. Nutzmasse:	2.500 km
Reichweite mit vollen Tanks:	3.500 km
Treibstoffverbrauch im Reiseflug:	610 l/h

Triebwerkanlage:	2 Mantelstromtriebwerke Pratt & Whitney Canada PW530A mit je 12,23 kN Standschub	
Kategorie:	Geschäftsreiseflugzeug für Kurz- und Mittelstrecken, Passagiere 5–8, Crew 2	
Hersteller:	Cessna Aircraft Company, Werk Wichita, USA	
Erstflug:	15. Sept. 1969/Citation	Gebaute Maschinen: 1.920 (alle Versionen)
Foto:	Cessna/Citation Bravo	

N801BB

CESSNA 560 CITATION ULTRA/EXCEL

USA

Im Herbst 1987 wurde von Cessna die Entwicklung des Modells 560 Citation V angekündigt; es war damals mit 7,2 t Startmasse die schwerste Version mit der geraden Tragflügelgeometrie. Sie basiert auf der Zelle der Citation S/II, hat aber einen um 0,52 m verlängerten Rumpf für zwei zusätzliche Passagiere. Für den Antrieb wählte man das Triebwerk Pratt & Whitney JT15D-5A mit je 12,9 kN Standschub. Mit 4 Passagieren und 2 Piloten hat die Citation V eine Einsatzreichweite von etwa 3600 km und die Reisegeschwindigkeit beträgt 725 km/h.

Mit der Auslieferung der Citation V begann man im Frühjahr 1989, und bis zum Ende der Produktion 1994 verkaufte man 262 Einheiten. Im Juli 1994 kam die aufgewertete Citation Ultra auf den Markt. Sie hat schubstärkere Triebwerke JT15D-5D mit je 13,55 kN Standschub, 7,4 t maximale Startmasse und max. 3900 km Reichweite; ca. 150 Maschinen wurden bis Mitte 1998 ausgeliefert. Das Muster wird auch von den US-Streitkräften als Verbindungsflugzeug verwendet.

Im Frühjahr 1998 kam die neueste Variante Citation Excel auf den Markt, für die insgesamt etwa 200 Bestellungen vorliegen. Die Citation Excel ist zellenmäßig eine Kombination aus dem gekürzten Rumpf der Citation X mit modifizierten Tragflügeln sowie Leitwerk von der Citation V. Als Antrieb der Excel dient das fortschrittliche Mantelstromtriebwerk PW545A mit 16,2 kN Standschub. Die Kabine der Excel ist 1,7 m breit sowie hoch und etwa 7 m lang, sie bietet Platz für maximal 11 Passagiere. Die Citation Excel dürfte in den nächsten Jahren die Muster Citation Bravo und Ultra in der Produktion ersetzen.

1992 wurde die Cessna Aircraft Company für 600 Millionen US-$ von dem amerikanischen Konzern Textron gekauft, 1998 zählte Cessna etwa 9000 Mitarbeiter. Mit etwa 2700 ausgelieferten Maschinen, ist die Citation-Baureihe die erfolgreichste in der Klasse der Business Jets weltweit. Die erste ausgelieferte Serienmaschine der Citation von 1971, steht heute nach 27 Jahren und mit über 13.000 Flugstunden immer noch bei dem Erstkunden West Wind Aviation im Einsatz.

Abmessungen und technische Daten: Citation Excel

Spannweite:	16,90 m	Rüstmasse:	5.584 kg
Länge:	15,80 m	max. Startmasse:	9.072 kg
Höhe:	5,20 m	max. Landemasse:	7.893 kg
Flügelfläche:	33,00 m²	max. Nutzmasse:	925 kg
Preis ca. Mill. US-$:	8,0	Tankkapazität:	3.850 l

Reisegeschwindigkeit:	796 km/h
Landegeschwindigkeit:	195 km/h
Dienstgipfelhöhe:	13.715 m
Startstrecke über 15 m Höhe:	1.150 m
Einsatzreichweite mit max. Nutzmasse:	2.900 km
Reichweite mit vollen Tanks:	3.500 km
Treibstoffverbrauch im Reiseflug:	750 l/h

Triebwerkanlage:	2 Mantelstromtriebwerke Pratt & Whitney Canada PW545A mit je 16,19 kN Standschub	
Kategorie:	Geschäftsreiseflugzeug für Mittelstrecken, Passagiere 6–8, Crew 2	
Hersteller:	Cessna Aircraft Company, Werk Wichita, USA	
Erstflug:	29. Februar 1996	Gebaute Maschinen: 480 (alle Versionen)
Foto:	Cessna/Citation Excel	

N561XL
Citation Excel

CESSNA 650 CITATION VII USA

1976 gab Cessna in Wichita die Entwicklung der Model 650 Citation III bekannt. Die Typenreihe Cessna 650 unterscheidet sich grundsätzlich von den namensgleichen Mustern der Citation-Reihe mit gerader Tragflügelgeometrie, hauptsächlich in der Form und bei den Flugleistungen. Mit der Citation III baute Cessna seinen ersten Jet mit transkontinentaler Reichweite für Nonstopflüge innerhalb der USA und mit einer hohen Reisegeschwindigkeit von etwa 825 km/h gegenüber nur 550 km/h bei der Basisversion der Citation. Die komfortable Kabine der Citation III bietet Platz für gewöhnlich 6 bis 8 Reisende und ist druckbelüftet für Flughöhen über 15.000 m. Um diese hohen Flugleistungen zu erzielen, bekam das neue Modell einen gepfeilten Tragflügel sowie ein Leitwerk in T-Form, als Antrieb wählte man das Mantelstromtriebwerk Garrett TFE731 mit je 16 kN Standschub. Im Mai 1979 begann die Flugerprobung der Citation III, und ab 1983 kam das Muster für 5,7 Millionen US-$ auf den Markt.
Nach dem Bau von 208 Maschinen wurde die Citation III 1991 von der aufgewerteten Citation VI in der Produktion abgelößt. Diese 7,5 Millionen US-$ teure Ausführung hat u. a. schubstärkere Triebwerke mit je 16,2 kN Standschub, eine höhere maximale Startmasse von 10,2 t und etwa 4300 km Reichweite mit 6 Passagieren. Zwischen 1992 und 1995 wurden 39 Citation VI ausgeliefert. Für den Einsatz auf kürzeren Start- und Landepisten von etwa 1200 m Länge sowie auf hochgelegenen Flughäfen entstand die Version Citation VII mit dem Triebwerk TFE731-4R-2S, das für die genannten Anforderungen ausgelegt ist. Zwischen 1992 bis Mitte 1998 konnten etwa 80 Citation VII ausgeliefert werden, das Muster steht weiter in der Produktion. Zukünftig wird sich allerdings die Kundschaft für diese Kategorie mehr der Citation Excel zuwenden, die wirtschaftlichere Triebwerke besitzt und technologisch mehr bietet. Die Kabinenabmessungen der Citation VI/VII sind identisch mit denen der Citation Excel. Das weltweite Betreuungsnetz für die Marke Citation umfaßt etwa 25 Vertragsfirmen mit einem Ersatzteilwert von rund 100 Millionen US-$.

Abmessungen und technische Daten: Citation VII

Spannweite:	16,31 m	Rüstmasse:	6.400 kg
Länge:	16,92 m	max. Startmasse:	10.183 kg
Höhe:	5,12 m	max. Landemasse:	9.072 kg
Flügelfläche:	29,00 m²	max. Nutzmasse:	1.050 kg
Preis ca. Mill. US-$:	11,0	Tankkapazität:	4.188 l

Reisegeschwindigkeit:	885 km/h
Landegeschwindigkeit:	205 km/h
Dienstgipfelhöhe:	15.544 m
Startstrecke über 15 m Höhe:	1.400 m
Einsatzreichweite mit max. Nutzmasse:	3.300 km
Reichweite mit vollen Tanks:	4.265 km
Treibstoffverbrauch im Reiseflug:	730 l/h

Triebwerkanlage:	2 Mantelstromtriebwerke AlliedSignal Garrett TFE731-4R-2S mit je 17,8 kN Standschub	
Kategorie:	Geschäftsreiseflugzeug für Mittel- und Langstrecken, Passagiere 6–9, Crew 2	
Hersteller:	Cessna Aircraft Company, Werk Wichita, USA	
Erstflug:	30. Mai 1979	Gebaute Maschinen: 322 (alle Versionen)
Foto:	Cessna/Citation VII	

CESSNA 750 CITATION X — USA

Die Citation X ist in jeder Beziehung das Topmodell unter den Business Jets der Baureihe Citation, und mit einer Reisegeschwindigkeit von Mach 0,92 das schnellste Geschäftsreiseflugzeug überhaupt. Ihre Entwicklung wurde im Oktober 1990 unter der Typenbezeichnung Cessna 750 angekündigt, und die wichtigsten Design-Merkmale sind neben der hohen Reisegeschwindigkeit eine interkontinentale Reichweite von über 6000 km mit vier Passagieren. Die Rumpfstruktur der Citation X beinhaltet zahlreiche Baukomponenten von der Citation VII, während der Tragflügel und das Leitwerk ganz neu entworfen sind. Im Cockpit stehen den beiden Piloten der Citation X fünf farbige Bildschirmanzeigen zur Verfügung sowie die neueste Navigationsausrüstung. Die komfortable Kabine der Citation X ist 1,73 m breit, 1,77 m hoch und 8,77 m lang, sie wird gewöhnlich für 6 bis 8 Reisende genutzt. Das Triebwerk der Citation X, GMA-3007C, entstand ursprünglich als Gemeinschaftsentwicklung zwischen Allison und General Motors, heute wird es ausschließlich von dem Triebwerkproduzenten Allison vermarktet, der seit 1994 als Tochtergesellschaft von Rolls-Royce geführt wird. Der Prototyp der Citation X war im September 1993 fertiggestellt, und im Dezember darauf begann die Flugerprobung. Nach einer relativ langen Flugerprobung, begann im Juni 1996 die Auslieferung, der erste Kunde für die schnittige Citation X war der Golfstar Arnold Palmer. Für das Muster liegen etwa 50 feste Bestellungen vor. Mit einer Citation X wurde im September 1997 das 2500. Flugzeug aus der Baureihe Citation ausgeliefert. Diese Bestseller-Marke wird heute in etwa 80 Ländern der Welt eingesetzt. 1996 erhielt das Design-Team der Citation X die begehrte Robert J. Collier Trophy für die überragende Konstruktion des Musters.
Im gleichen Jahr konnte Cessna von der Baureihe Citation insgesamt 130 Maschinen ausliefern, das war die Bestmarke in dieser Kategorie. Nach einer längeren Pause produziert Cessna seit 1997 wieder die leichten Sportflugzeuge der Baureihe Cessna 172/182 und 206 mit Kolbenmotor-Antrieb.

Abmessungen und technische Daten:

Spannweite:	19,50 m	Rüstmasse:	9.900 kg
Länge:	22,00 m	max. Startmasse:	16.194 kg
Höhe:	5,75 m	max. Landemasse:	14.425 kg
Flügelfläche:	48,00 m²	max. Nutzmasse:	1.100 kg
Preis ca. Mill. US-$:	16,50	Tankkapazität:	7.370 l

Reisegeschwindigkeit:	930 km/h
Landegeschwindigkeit:	220 km/h
Dienstgipfelhöhe:	15.500 m
Startstrecke über 15 m Höhe:	1.800 m
Einsatzreichweite mit max. Nutzmasse:	4.900 km
Reichweite mit vollen Tanks:	6.155 km
Treibstoffverbrauch im Reiseflug:	1.050 l/h

Triebwerkanlage:	2 Mantelstromtriebwerke Allison AE3007C mit je 28,5 kN Standschub	
Kategorie:	Geschäftsreiseflugzeug für Langstrecken, Passagiere 6–8, Crew 2	
Hersteller:	Cessna Aircraft Company, Werk Wichita, USA	
Erstflug:	21. Dezember 1993	Gebaute Maschinen: 40
Foto:	Cessna/Citation X	

CITATION
N750C

DASSAULT FALCON 50

Frankreich

Der Typennamen Falcon ist seit über 30 Jahren ein bekanntes Markenzeichen in der Welt der Business Jets, denn in drei Jahrzehnten wurden etwa 1200 Maschinen dieses Typs an rund 700 Halter in 60 Ländern verkauft. Den Anfang machte 1965 die Falcon 20 für 6 bis 8 Passagiere, gefolgt 1971 von der kleineren Falcon 10 für 4 bis 6 Passagiere. Im November 1976 begann man bei Dassault mit der Flugerprobung der dreimotorigen Falcon 50, ausgelegt für 6 bis 10 Passagiere. Die Auslegung mit drei Triebwerken ist bei der Falcon 50 einmalig unter den Business Jets und wird auch bei der größeren Falcon 900 verwendet. Der Vorteil dieser Triebwerkanordnung gegenüber einer zweimotorigen Auslegung liegt hauptsächlich in der besseren Leistungsverteilung bei Ausfalls eines Motors in der kritischen Startphase oder bei langen Überseeflügen; ein Nachteil sind die höheren Wartungskosten für drei Triebwerke. Die Falcon 50 hat wirksame Auftriebshilfen am Tragflügel, die den Einsatz auf Pisten unter 1500 m Länge gewährleisten, und mit kleinen Änderungen am Fahrwerk kann sie auch von unbefestigten Pisten eingesetzt werden.

Die Kabine der Falcon 50 ist 1,9 m breit, 1,8 m hoch und 7,16 m lang, die gewöhnliche Kapazität beträgt 6 bis 8 Passagiere, bei enger Bestuhlung hätten 12 Passagiere Platz. Mit der Auslieferung des Musters wurde im Sommer 1979 begonnen, bis zum Produktionsende 1995 verkaufte man 250 Maschinen in 35 Länder. Im April 1995 kündigte Dassault mit dem Projekt Falcon 50EX eine aufgewertete Nachfolgeversion an, die im Februar 1996 mit der Flugerprobung begann. Die Falcon 50EX hat als Antrieb leistungsstärkere Triebwerke mit einem besseren spezifischen Treibstoffverbrauch, dadurch werden alle Leistungsdaten gegenüber dem Basismodell erheblich verbessert. Ferner bekam das neue Modell aufgewertete Betriebssysteme sowie eine moderne Avionik des Typs Collins Pro Line 4 mit Bildschirmanzeigen. Die Auslieferung der Falcon 50EX begann im Februar 1997, und bis Mitte 1998 konnten 10 Maschinen verkauft werden. Zahlreiche Maschinen der Baureihe Falcon 50 werden für Mehrzweckaufgaben oder beim Militär eingesetzt.

Abmessungen und technische Daten: Falcon 50EX

Spannweite:	18,86 m	Rüstmasse:	9.605 kg
Länge:	18,52 m	max. Startmasse:	18.010 kg
Höhe:	6,98 m	max. Landemasse:	16.200 kg
Flügelfläche:	46,80 m²	max. Nutzmasse:	1.710 kg
Preis ca. Mill. US-$:	15,50	Tankkapazität:	8.800 l

Reisegeschwindigkeit:	880 km/h
Landegeschwindigkeit:	220 km/h
Dienstgipfelhöhe:	13.700 m
Startstrecke über 15 m Höhe:	1.435 m
Einsatzreichweite mit max. Nutzmasse:	4.900 km
Reichweite mit vollen Tanks:	6.045 km
Treibstoffverbrauch im Reiseflug:	990 l/h

Triebwerkanlage:	3 Mantelstromtriebwerke AlliedSignal Garrett TFE731-40 mit je 17,11 kN Standschub	
Kategorie:	Geschäftsreiseflugzeug für Langstrecken, Passagiere 6–8, Crew 2	
Hersteller:	Dassault Aviation, Werk Bordeaux, Frankreich	
Erstflug:	7. November 1976	Gebaute Maschinen: 270
Foto:	Dassault/Falcon 50EX	

F-WOND
SOEX

DASSAULT FALCON 900 **Frankreich**

Mit der Falcon 900 schuf Dassault Mitte der 80er Jahre das Topmodell bei seiner Falcon Line. Das Muster zählt zu den Wide-body-Business-Jets mit einem Maximum an Komfort und besitzt interkontinentale Reichweite. Das Projekt Falcon 900 wurde erstmals 1983 in Modellform auf der Luftfahrtschau in Paris vorgestellt, und bereits im September 1984 konnte die Flugerprobung beginnen. Die Falcon 900 hat ähnlich wie die kleinere Falcon 50 ein dreimotoriges Antriebssystem mit dem gleichen Triebwerkstyp, jedoch mit mehr Schubleistung. Ferner wurde auch der Tragflügel von dem kleineren Modell übernommen, allerdings mit mehreren Verstärkungen und mit 0,47 m mehr Spannweite. Im Airliner Standard hätte die Kabine der Falcon 900 Platz für 19 Passagiere, sie wird aber nur für 8 bis 10 Reisende ausgerüstet, denn sie dient als fliegender Konferenzraum für das Top-Managment großer Konzerne oder für hochrangige Politiker. Im Herbst 1986 begann die Auslieferung der Basisversion, von der insgesamt 100 Maschinen zum Stückpreis von 21 Millionen US-$ verkauft wurden. 1991 kam die leistungsstärkere Falcon 900B auf den Markt, von der man etwa 50 Einheiten verkaufen konnte. Die Falcon 900B hat gegenüber der Basisversion schubstärkere Triebwerke mit etwa 5% mehr Schub und dadurch bessere Start- und Steigeigenschaften. Im Juni 1995 begann die Flugerprobung mit der weiter leistungsgesteigerten Falcon 900EX; sie bietet eine maximale Reichweite von 8335 km. Gegenüber der Falcon 900B unterscheidet sich die Top-Version an den schubstärkeren Triebwerken von je 22,25 kN Standschub, einer höheren Startmasse, 941 l mehr Tankkapazität und dem neuen Avioniksystem Honeywell Primus 2000. Ferner vergab Dassault 20% der Fertigung an der Falcon 900EX an sechs internationale Luftfahrtfirmen. Mit der Auslieferung der Falcon 900EX wurde im Herbst 1996 begonnen, und bis zum Sommer 1998 waren etwa 20 Einheiten ausgeliefert. Die Firma Dassault betreibt heute 11 Werke in ganz Frankreich, und in der etwa 50jährigen Geschichte des Unternehmens wurden über 7000 Flugzeuge produziert und in 73 Länder exportiert.

Abmessungen und technische Daten: Falcon 900EX

Spannweite:	19,33 m	Rüstmasse:	11.200 kg
Länge:	20,21 m	max. Startmasse:	21.910 kg
Höhe:	7,55 m	max. Landemasse:	19.050 kg
Flügelfläche:	49,05 m²	max. Nutzmasse:	1.900 kg
Preis ca. Mill. US-$:	27,0	Tankkapazität:	11.806 l

Reisegeschwindigkeit:	882 km/h
Landegeschwindigkeit:	225 km/h
Dienstgipfelhöhe:	13.700 m
Startstrecke über 15 m Höhe:	1.535 m
Einsatzreichweite mit max. Nutzmasse:	5.900 km
Reichweite mit vollen Tanks:	8.335 km
Treibstoffverbrauch im Reiseflug:	1.100 l/h

Triebwerkanlage:	3 Mantelstromtriebwerke AlliedSignal TFE731-60 mit je 22,25 kN Standschub	
Kategorie:	Geschäftsreiseflugzeug für Langstrecken, Passagiere 8–10, Crew 2	
Hersteller:	Dassault Aviation, Werk Bordeaux, Frankreich	
Erstflug:	21. September 1984	Gebaute Maschinen: 170
Foto:	Dassault/Falcon 900EX	

N901FJ

DASSAULT FALCON 2000 **Frankreich**

Ende der 80er Jahre veranlaßte Dassault Aviation in den USA eine intensive Marktanalyse für den idealen Business Jet in der Mittelklasse für seine zahlreichen Kunden in dieser wichtigsten Absatzregion für Geschäftsreiseflugzeuge. Die Eckdaten dieser Analyse ergaben ein zweimotoriges Muster mit der neuesten Technologie zum Kaufpreis von unter 15 Millionen US-$, ferner mit einem Kabinenkomfort der Wide-body-Muster (Stehhöhe), bei genügend Raum für 6 bis 8 Reisende und eine transkontinentale Reichweite von 3000 nm, entsprechend 5556 km. Bei Dassault entwarf man nach diesen Markterkenntnissen das Projekt Falcon X, das in Modellform erstmals auf der Paris Air Show 1989 vorgestellt wurde. Später änderte man die Bezeichnung in die wirksamere Bezeichnung Falcon 2000 um, denn der neue Jet ist auch für die Bedürfnisse am Anfang des nächsten Jahrtausends ausgelegt. Die Falcon 2000 besteht zu 42% aus Baukomponenten von der Falcon 900, und sie besitzt praktisch den gleichen Rumpf der größeren Schwestermaschine mit einer Kürzung um 2,0 m. Ferner besitzt die Falcon 2000 den gleichen Tragflügel der Falcon 900, jedoch mit einigen Änderungen am Auftriebssystem. Durch diese Baugleichheit lassen sich Entwicklungs- und Wartungskosten im erheblichen Umfang sparen.
Die Firma Alenia aus Italien ist zu 25% Projektpartner an der Falcon 2000; sie baut die hintere Rumpfhälfte, einen Teil des Seitenleitwerks und die Triebwerkgondeln. Im November 1994 erhielt die Falcon 2000 als erster Business Jet die Musterzulassung nach den Normen der europäischen Zulassungsbehörde JAA – Joint Aviation Authorities, an der 23 Länder Europas beteiligt sind. Dadurch entfällt die langwierige Zulassungsprozedur in den einzelnen Ländern mit z. T unterschiedlichen Zulassungsnormen. Im Februar 1995 begann die Auslieferung der Falcon 2000; und bis zum Sommer 1998 standen etwa 50 Maschinen im Einsatz. Die Falcon 2000 erhielt auch als erster Business Jet das sogenannte Head-up-guidance-System als Arbeitserleichterung für die Piloten bei Schlechtwetter-Landungen nach der Kategorie IIIa, bei vertikaler Sicht von 15 m und einer horizontalen Sicht von nur 200 m.

Abmessungen und technische Daten:

Spannweite:	19,33 m	Rüstmasse:	9.730 kg
Länge:	20,23 m	max. Startmasse:	16.240 kg
Höhe:	7,05 m	max. Landemasse:	14.970 kg
Flügelfläche:	49,03 m²	max. Nutzmasse:	1.900 kg
Preis ca. Mill. US-$:	15,50	Tankkapazität:	6.900 l

Reisegeschwindigkeit:	890 km/h
Landegeschwindigkeit:	210 km/h
Dienstgipfelhöhe:	14.300 m
Startstrecke über 15 m Höhe:	1.600 m
Einsatzreichweite mit max. Nutzmasse:	3.700 km
Reichweite mit vollen Tanks:	5.780 km
Treibstoffverbrauch im Reiseflug:	800 l/h

Triebwerkanlage:	2 Mantelstromtriebwerke General Electric/AlliedSignal CFE738 mit je 26,3 kN Standschub	
Kategorie:	Geschäftsreiseflugzeug für Langstrecken, Passagiere 6–9, Crew 2	
Hersteller:	Dassault Aviation, Werk Bordeaux, Frankreich	
Erstflug:	4. März 1993	Gebaute Maschinen: 55
Foto:	Dassault/Falcon 2000	

DASSAULT SUPERSONIC FALCON

Frankreich

Anläßlich des Maintenance & Operations Seminars für die weltweiten Betreiber der Falcon Jets, am 19. Mai 1998 in Nizza, Frankreich, wurden erste Details über das Projekt des Überschall-Businessjets Supersonic Falcon bekanntgegeben. Nach Angaben von Dassault soll dieser Prestige-Jet für die Business-Aviaton im nächsten Jahrtausend eine Nonstop-Reichweite von 7400 km besitzen und die Reisegeschwindigkeit ist mit 1,8 Mach angegeben. Die Kabine dieses Musters hat weitgehend die Größe des gegenwärtigen Musters Falcon 50, für standardmäßig 8 Reisende. Für einen Flug von Los Angeles nach Sydney würde die Supersonic Falcon 8 Stunden und 30 Minuten benötigen, inklusive eines Tankstops in Tahiti, von Frankfurt nach Los Angeles wären es knapp 7 Stunden, mit einem Tankstop z. B. in Chicago. Die Supersonic Falcon wird einen Delta-Tragflügel â la Concorde bekommen, und für den Antrieb will man die bewährten Strahltriebwerke General Electric F414 oder Snecma M88 verwenden, allerdings ohne Nachbrenner, um die verschärften Lärmvorschriften zu erfüllen. Beide Triebwerkmuster haben sich seit Jahren in verschiedenen Jagdflugzeugen gut bewährt. Sie haben ohne Nachbrenner einen Standschub von etwa 54 kN. Damit man sich nicht an die sogenannten ETOPS-Vorschriften halten muß, wird das neue Muster mit drei Triebwerken ausgerüstet sein. Ferner wird das neue Muster für den Betrieb von allen größeren Flugplätzen der General Aviation ausgelegt, das heißt mit Startbahnen von etwa 2000 m Länge.

Die Zelle der Falcon SST wird weitgehend konventionelles Baumaterial beinhalten, weil bis 1,8 Mach nur eine moderate Erwärmung der Struktur erfolgt, so daß auf teure Baustoffe wie Titan verzichtet werden kann. Dassault wird die Falcon SST nicht allein verwirklichen können und sucht für das Projekt Partner, die ebenfalls reichlich Erfahrung beim Bau von Überschallflugzeugen mitbringen, hauptsächlich denkt man dabei an Firmen aus den USA. Von Dassault wurden noch keine Angaben über die Höhe der Entwicklungskosten oder über den Kaufpreis der Supersonic Falcon gemacht, aber der Kaufpreis dürfte mindestens bei etwa 75 Millionen US-$ liegen. Die Entwicklungszeit bis zur Serienreife soll etwa 5 Jahre betragen, die mögliche Auslieferung der ersten Maschinen könnte frühestens im Jahr 2006 erfolgen.

Abmessungen und technische Daten (geschätzt):

Spannweite:	17,00 m	Rüstmasse:	17.500 kg
Länge:	32,00 m	max. Startmasse:	39.000 kg
Höhe:	7,50 m	max. Landemasse:	k. A.
Flügelfläche:	125,00 m^2	max. Nutzmasse:	750 kg
Preis ca. Mill. US-$:	75,00	Tankkapazität:	27.500 l

Reisegeschwindigkeit:	1,8 Mach
Landegeschwindigkeit:	300 km/h
Dienstgipfelhöhe:	18.500 m
Startstrecke über 15 m Höhe:	2.000 m
Einsatzreichweite mit max. Nutzmasse:	7.400 km
Reichweite mit vollen Tanks:	7.400 km
Treibstoffverbrauch im Reiseflug:	7.000 l/h

Triebwerkanlage:	3 Strahltriebwerke G. E. F414 oder Snecma M88 mit je 54 kN Standschub	
Kategorie:	Geschäftsreiseflugzeug für Langstrecken, Passagiere 8, Crew 2/0	
Hersteller:	Dassault Aviation, Frankreich	
Erstflug:	ca. 2003	Gebaute Maschinen: keine
Foto:	Dassault/Modell der Supersonic Falcon	

GULFSTREAM IV

USA

Bis 1998 wurden etwa 800 Business Jets der Marke Gulfstream produziert, und dieser Markenname steht in der Kategorie der Geschäftsflugzeuge für höchsten Passagierkomfort und maximale Einsatzreichweite. 1959 begann die Grumman Aerospace im Bundesstaat New York mit der Produktion des Turboprop-Geschäftsreiseflugzeuges Gulfstream für 10 bis 14 Reisende, von dem 200 Einheiten produziert wurden. 1966 entstand auf der Rumpfbasis der ersten Version der Business Jet Gulfstream II mit zwei Mantelstromtriebwerken Rolls-Royce Spey mit je 51 kN Standschub und mit gepfeilten Tragflächen. Bis 1977 konnten von der Gulfstream II 256 Einheiten verkauft werden, das Muster hat 24,5 t Startmasse, sowie etwa 5000 km Reichweite.

1978 kaufte der Millionär Allen E. Paulson für 52 Millionen US-$ die Produktionsrechte an der Marke Gulfstream und gründete in Savannah/Georgia die Gulfstream American Company. Im gleichen Jahr entstand in der neuen Produktionsstätte die Nachfolgeversion Gulfstream III, von der bis 1987 insgesamt 202 Einheiten verkauft wurden. Gegenüber der Baureihe II hat die Gulfstream III einen um 0,6 m verlängerten Rumpf, einen größeren Tragflügel mit 3 m mehr an Spannweite sowie erstmals mit Winglets und schubstärkere Triebwerke für die höhere Startmasse von 30 t. 1985 ging der Besitz der Gulfstream American für 637 Millionen US-$ an die Chrysler Corporation über, mit der Namensänderung in Gulfstream Aerospace. Im April 1987 kam die neue Version Gulfstream IV auf den Markt; sie hat erstmals das fortschrittliche Mantelstromtriebwerk Rolls-Royce Tay, eine weitere Rumpfstreckung um 1,4 m und ein größeres Leitwerk. Ferner hat die neue Variante eine leichtere Tragflügelkonstruktion mit mehr Tankinhalt und ein modernes Glas-Cockpit mit Bildschirmanzeigen. 1990 bekam die Gulfstream Aerospace wieder eine neuen Besitzer: Für 850 Millionen US-$ wechselten die Eigentumsrechte an die Forstmann Little & Company. 1993 kam die Gulfstream IV-SP (Special Performance) auf den Markt; sie beinhaltet zahlreiche konstruktive Neuerungen zur Reduzierung der Eigenmasse und ihre maximale Startmasse stieg auf 33,8 t. Von beiden Varianten der Serie IV verkaufte man etwa 300 Einheiten, davon etwa 40 Special-Performance-Maschinen.

Abmessungen und technische Daten: Gulfstream IV-SP

Spannweite:	23,70 m	Rüstmasse:	19.300 kg
Länge:	26,90 m	max. Startmasse:	33.839 kg
Höhe:	7,55 m	max. Landemasse:	29.938 kg
Flügelfläche:	87,00 m^2	max. Nutzmasse:	1.400 kg
Preis ca. Mill. US-$:	26,5	Tankkapazität:	16.725 l

Reisegeschwindigkeit:	880 km/h
Landegeschwindigkeit:	210 km/h
Dienstgipfelhöhe:	13.700 m
Startstrecke über 15 m Höhe:	1.700 m
Einsatzreichweite mit max. Nutzmasse:	6.200 km
Reichweite mit vollen Tanks:	7.815 km
Treibstoffverbrauch im Reiseflug:	1.600 l/h

Triebwerkanlage:	2 Mantelstromtriebwerke Rolls-Royce Tay Mk611-8 mit je 61,6 kN Standschub	
Kategorie:	Geschäftsreiseflugzeug für Langstrecken, Passagiere 10–14, Crew 2	
Hersteller:	Gulfstream Aerospace, Werk Savannah, USA	
Erstflug:	19. September 1985	Gebaute Maschinen: 300
Foto:	Gulfstream Aerospace/Gulfstream IV-SP	

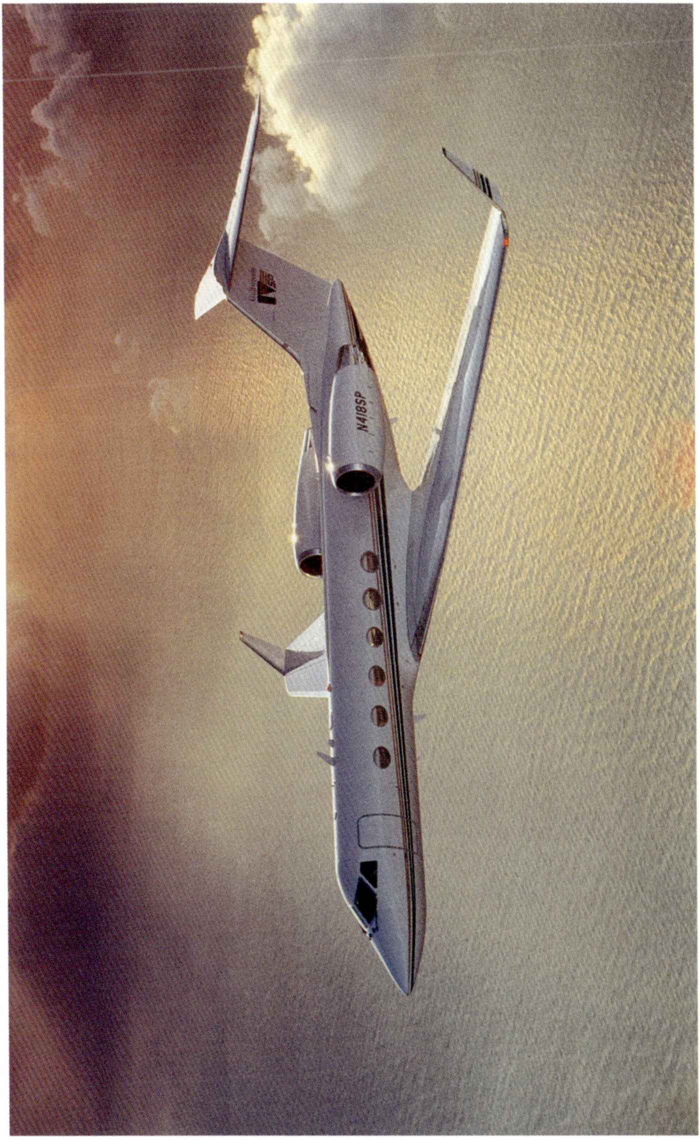
N418SP

GULFSTREAM V

USA

Für die Bedürfnisse der Business Aviation am Anfang des 21. Jahrhunderts in der Kategorie der Geschäftsreiseflugzeuge der höchsten Kategorie, entstand das Top-Modell Gulfstream V, das sich den Markt in den nächsten Jahren mit dem Konkurrenzmuster Global Express von Bombardier teilen wird. Dieser Markt wird auf etwa 250 bis 300 Flugzeuge bis zum Jahr 2020 geschätzt. Beide konkurrierenden Muster haben nahezu identische Leistungsdaten und den gleichen Kaufpreis. Als Hauptkunden für die etwa 36 bis 40 Millionen US-$ teuren Reiseflugzeuge kommen große Konzerne und Regierungsaufträge in Frage. Von der Gulfstream V will z. B. die U.S. Air Force bis zum Jahr 2003 sechs Maschinen für VIP-Flüge erwerben, zwei Maschinen sind bereits fest bestellt, zum Preis von 69 Mill. US-$. Diese Flugzeuge tragen bei der USAF die Typenbezeichnung C-37A und werden von ranghohen amerikanischen Politikern für weltweite Dienstreisen genutzt werden. Programmstart für die Gulfstream V war im Herbst 1992 und nach drei Jahren konnte mit der Flugerprobung begonnen werden. Äußerlich ist die neue Variante von der kleineren Gulfstream IV kaum zu unterscheiden, sie hat aber einen um 2,1 m längeren Rumpf mit einem größeren Leitwerk und einen aerodynamisch verbesserten Tragflügel mit etwa 4 m mehr an Spannweite. Der wichtigste Leistungsfaktor der Gulfstream V sind die Turbofans neuester Technologie BR.710, eine Gemeinschaftsentwicklung zwischen den Firmen BMW und Rolls-Royce. Der Tragflügel wird von der US-Firma Northrop-Grumman gebaut, und weitere Baukomponenten kommen von Shin Maywa aus Japan. Gulfstream Aerospace hat neben dem Hauptwerk in Savannah noch weitere Werke in Brunswick/Georgia, Long Beach/Kalifornien und in Oklahoma City, die ebenfalls an der Fertigung der Gulfstreams beteiligt sind. Das Testflugprogramm der Gulfstream V dauerte 15 Monate, es wurden 1900 Flugstunden absolviert, und das gesamte Programm bis zur Serienreife benötigte Investitionen von über 800 Millionen US-$. Im Dezember 1997 bekam die Firma Seagram Co. als erste ihre Gulfstream V ausgehändigt. Bis Mitte 1998 gingen für das Muster etwa 75 feste Bestellungen ein.

Abmessungen und technische Daten:

Spannweite:	28,45 m	Rüstmasse:	22.450 kg
Länge:	29,40 m	max. Startmasse:	41.051 kg
Höhe:	7,55 m	max. Landemasse:	34.156 kg
Flügelfläche:	92,00 m²	max. Nutzmasse:	2.200 kg
Preis ca. Mill. US-$:	36,0	Tankkapazität:	23.250 l

Reisegeschwindigkeit:	925 km/h
Landegeschwindigkeit:	235 km/h
Dienstgipfelhöhe:	15.500 m
Startstrecke über 15 m Höhe:	1.750 m
Einsatzreichweite mit max. Nutzmasse:	8.600 km
Reichweite mit vollen Tanks:	12.050 km
Treibstoffverbrauch im Reiseflug:	1.800 l/h

Triebwerkanlage:	2 Mantelstromtriebwerke BMW/Rolls-Royce BR.710-48 mit je 65,6 kN Standschub	
Kategorie:	Geschäftsreiseflugzeug für Langstrecken, Passagiere 10–14, Crew 2–4	
Hersteller:	Gulfstream Aerospace, Werk Savannah, USA	
Erstflug:	28. November 1995	Gebaute Maschinen: 50
Foto:	Gulfstream Aerospace/Gulfstream V	

N502GV

GALAXY AEROSPACE IAI 1125 ASTRA

Israel

Im Jahre 1967 erwarb die Firma Israel Aircraft Industries in Tel Aviv die Produktionsrechte für das eher erfolglose Geschäftsreiseflugzeug Jet Commander der amerikanischen Firma Aero Commander. Der Jet Commander war als Jet eine recht ungewöhnliche Erscheinung, denn er hatte eine Hochdecker-Bauweise mit einem ungepfeilten Tragflügel und einen nahezu rechteckigen Rumpfquerschnitt. IAI überarbeitete das Muster, und ausgestattet mit zahlreichen Detailverbesserungen, kam der Jet unter der neuen Typenbezeichnung IAI 1123 Westwind wieder auf den Markt. Bis 1976 konnten 36 IAI 1123 Westwind verkauft werden, hauptsächlich nach USA. 1976 begann die Auslieferung der weiter modernisierten IAI 1124 Westwind 1, die zum ersten Mal mit den wirtschaftlichen Turbofans TFE731 ausgerüstet wurde. Sie hat 10 t Startmasse und mit 5 Passagieren knapp 4000 km Reichweite. Im Herbst 1980 kam die mit einer höheren Reichweite ausgestattete Westwind II auf den Markt; sie hat Tiptanks an den Tragflügelenden, Wingtips und andere aerodynamische Verfeinerungen, ihre Startmasse beträgt 10,7 t und die Reichweite mit 4 Passagieren rund 4400 km.
Bis zum Ende der Produktion 1983, wurden von allen Modellen der Westwind 165 Maschinen verkauft. Im Sommer 1986 begann die Auslieferung der IAI 1125 Astra, von der bis heute etwa 50 Einheiten verkauft wurden. Obwohl zahlreiche Baukomponenten der Astra von der Westwind abstammen, handelt es sich um ein nahezu neues Flugzeug, denn die Astra hat einen gepfeilten Tragflügel unten am Rumpf, einen längeren und breiteren Rumpf mit geänderten Rumpfbug und eine modernere Avionik. Im März 1996 kam die leistungsgesteigerte Variante IAI 1125A Astra SPX auf den Markt; sie wurde bis heute in etwa 20 Einheiten verkauft. Äußerlich unterscheidet sich die Astra SPX von der Vorgängerversion an den Winglets, intern bekam die Kabinenausstattung einige Neuerungen und ferner das moderne Avionikpakett »Collins Pro Line 4« im Cockpit.
Der Absatz der Marke Astra blieb weit hinter den Erwartungen zurück und bei IAI setzt man gegenwärtig auf das größere Nachfolgemuster Galaxy.

Abmessungen und technische Daten: ASTRA SPX

Spannweite:	16,60 m	Rüstmasse:	6.250 kg
Länge:	16,95 m	max. Startmasse:	11.180 kg
Höhe:	5,50 m	max. Landemasse:	9.390 kg
Flügelfläche:	29,45 m²	max. Nutzmasse:	1.200 kg
Preis ca. Mill. US-$:	9,5	Tankkapazität:	5.255 l

Reisegeschwindigkeit:	865 km/h
Landegeschwindigkeit:	200 km/h
Dienstgipfelhöhe:	13.700 m
Startstrecke über 15 m Höhe:	1.650 m
Einsatzreichweite mit max. Nutzmasse:	3.900 km
Reichweite mit vollen Tanks:	5.450 km
Treibstoffverbrauch im Reiseflug:	750 l/h

Triebwerkanlage:	2 Mantelstromtriebwerke AlliedSignal TFE731-40R mit je 18,9 kN Standschub	
Kategorie:	Geschäftsreiseflugzeug für Mittel- und Langstrecken, Passagiere 6–9, Crew 2	
Hersteller:	Israel Aircraft Industries/Galaxy Aerospace, Werk Tel Aviv, Israel	
Erstflug:	19. März 1984	Gebaute Maschinen: 70
Foto:	IAI/Astra SPX	

4X-WIX
EXPERIMENTAL

GALAXY AEROSPACE »GALAXY« Israel

Im Februar 1997 entstand zwischen den Firmen Israel Aircraft Industries und der Hyatt Corporation in USA das Unternehmen Galaxy Aerospace. Die neue Joint-venture-Firma übernimmt von der ehemaligen Astra Jet Corporation die Produktion, das Marketing und den Kundendienst für die Business Jets von IAI.
1993 stellte IAI auf der NBAA in Modellform seinen neuesten Business Jet Galaxy vor. Dabei handelt es sich um ein 8- bis 10sitziges Muster mit interkontinentaler Reichweite von 6700 km. Die Tragfläche der Galaxy stammt, mit einigen Verstärkungen versehen, von der Astra SPX, der Rumpf ist eine komplette Neukonstruktion. Die Kabine der Galaxy bietet für 6 bis 8 Reisende auf langen Flügen einen guten Komfort; sie ist 2,11 m breit, 1,9 m hoch und 7,15 m lang. Für den Antrieb der Galaxy verwendet man den fortschrittlichen Turbofan PW306A von Pratt & Whitney Canada. Die russische Flugzeufirma Jakowlew war als Projektpartner an der Galaxy beteiligt und verantwortlich für den Entwurf und den Bau des Rumpfes. 1995 trennte sich allerdings Jakowlew wieder von dem Projekt, und man fand als Ersatzpartner die französische Firma Sogerma, ein Tochterunternehmen von Aerospatiale. Durch den Austritt von Jakowlew aus dem Projekt, verzögert sich die Auslieferung der Galaxy bis etwa Mitte 1999.
Der erste von 4 gebauten Prototypen begann im Dezember 1997 mit der Flugerprobung in Tel Aviv.
Nach Angaben von Galaxy Aerospace liegen für etwa 35 Maschinen der Galaxy Anzahlungen vor, für die Auslieferung bis zum Jahr 2000. Die Galaxy hat in der französischen Falcon 2000 von Dassault Aviation einen direkten Konkurrenten, der schon seit vier Jahren auf dem Markt ist.

Abmessungen und technische Daten:

Spannweite:	17,71 m	Rüstmasse:	8.450 kg
Länge:	18,97 m	max. Startmasse:	15.173 kg
Höhe:	6,53 m	max. Landemasse:	12.474 kg
Flügelfläche:	34,28 m²	max. Nutzmasse:	2.019 kg
Preis ca. Mill. US-$:	17,00	Tankkapazität:	8.080 l

Reisegeschwindigkeit:	870 km/h
Landegeschwindigkeit:	210 km/h
Dienstgipfelhöhe:	13.700 m
Startstrecke über 15 m Höhe:	1.815 m
Einsatzreichweite mit max. Nutzmasse:	4.500 km
Reichweite mit vollen Tanks:	6.700 km
Treibstoffverbrauch im Reiseflug:	800 l/h

Triebwerkanlage:	2 Mantelstromtriebwerke Pratt & Whitney PW306A mit je 25,5 kN Standschub	
Kategorie:	Geschäftsreiseflugzeug für Langstrecken, Passagiere 6–10, Crew 2/0	
Hersteller:	IAI/Galaxy Aerospace, Werk Tel Aviv, Israel	
Erstflug:	25. Dezember 1997	Gebaute Maschinen: 4
Foto:	Galaxy Aerospace/Prototyp der Galaxy	

N307GA
GALAXY

RAYTHEON BEECHJET 400A

USA

Mitte der 70er Jahre entstand in der Luftfahrtabteilung des bekannten japanischen Konzerns Mitsubishi Heavy Industries der leichte Business Jet MU-300 Diamond. Die Diamond galt als Nachfolgemuster für das Geschäftsreiseflugzeug MU-2 mit Turboprop-Antrieb, von dem weltweit 750 Maschinen verkauft wurden. Beim Entwurf der Diamond legte man besonderen Wert auf eine komfortable Kabine, einen geringen Lärmpegel und geringe Betriebskosten. Mit der Auslieferung der Diamond konnte im Herbst 1981 begonnen werden. Sie bietet Platz für 4 bis 6 Reisende und bei 5,7 t maximaler Startmasse beträgt die Einsatzreichweite maximal 2500 km.
Nach dem Bau von 65 Maschinen erwarb die Beech Company in USA im Winter 1985 die Produktionsrechte für das Muster, und es bekam die neue Typenbezeichnung Beechjet 400. Gegenüber der Diamond hat die Beechjet 400 rund 200 Detailverbesserungen erhalten, darunter schubstärkere Triebwerke und eine höhere maximale Startmasse. Bis 1988 lieferte Mitsubishi zahlreiche Baukomponenten für die Beechjet 400, ab 1989 wird das Muster ausschließlich von Beech gebaut. 1990 kam die weiter aufgewertete Variante Beechjet 400A auf den Markt; sie hat eine neugestaltete Kabine für 7 Reisende, eine moderne Avionik und weiter gesteigerte Flugleistungen. Für das Training von zukünftigen Piloten für Tankerflugzeuge, erwarb die U.S. Air Force bis zum Sommer 1997 insgesamt 180 Exemplare der Beechjet 400A unter der Typenbezeichnung T-1A Jayhawk. Bis Ende 1998 wurden etwa 180 zivile Beechjet 400/400A verkauft. Die Kabine der Beechjet 400A ist 5,1 m lang, 1,5 m breit und 1,4 m hoch und bietet Platz für 7 bis 9 Reisenden. Die Beech Aircraft Company wurde 1932 von dem Ehepaar Ann und Walter Beech gegründet, das Unternehmen erlangte Weltruhm durch seine leichten Sportflugzeuge und die Turboprop-Baureihe King Air. 1980 erwarb der Raytheon Konzern aus Massachusetts die Aktienmehrheit an der Beech Company.

Abmessungen und technische Daten:

Spannweite:	13,23 m	Rüstmasse:	4.770 kg
Länge:	14,73 m	max. Startmasse:	7.303 kg
Höhe:	4,24 m	max. Landemasse:	7.122 kg
Flügelfläche:	22,44 m²	max. Nutzmasse:	1.100 kg
Preis ca. Mill. US-$:	5,0	Tankkapazität:	2.785 l

Reisegeschwindigkeit:	833 km/h
Landegeschwindigkeit:	200 km/h
Dienstgipfelhöhe:	13.700 m
Startstrecke über 15 m Höhe:	1.250 m
Einsatzreichweite mit max. Nutzmasse:	2.000 km
Reichweite mit vollen Tanks:	2.900 km
Treibstoffverbrauch im Reiseflug:	680 l/h

Triebwerkanlage:	2 Mantelstromtriebwerke Pratt & Whitney JT15D-5 mit je 13,2 kN Standschub	
Kategorie:	Geschäftsreiseflugzeug für Mittelstrecken, Passagiere 7–9, Crew 2	
Hersteller:	Raytheon, Werk Wichita, USA	
Erstflug:	29. August 1978/Diamond	Gebaute Maschinen: 420
Foto:	Raytheon/Beechjet 400A	

N3226B

RAYTHEON/BAe HAWKER 800/800XP **USA**

Die Business Jets der Baureihe Hawker haben ihren Ursprung in Großbritannien, und ihre Entwicklung begann vor 40 Jahren. Im Sommer 1962 begann die traditionsreiche britische Flugzeugfirma de Havilland mit der Flugerprobung des Business Jets DH.125 Jet Dragon, ausgelegt für 6 bis 8 Reisende und rund 2800 km Reichweite. Nach der Übernahme von de Havilland in die Firmengruppe Hawker Siddeley Aviation bekam das Projekt die neue Typenbezeichnung HS-125 und den Namen Hawker. Im September 1964 begann die Auslieferung der Basisversion; sie hat 9,6 t Startmasse und ihr Antrieb besteht aus den lauten Strahltriebwerken Bristol Siddeley Viper 500 mit je 15 kN Standschub. Durch die besonders lange Produktionsdauer entstanden zahlreiche weiterverbesserte Versionen der Serie 1, 2, 3RA, 400 und 600 mit 358 verkauften Maschinen. Im Herbst 1976 begann die Auslieferung der Hawker 700, sie hat erstmals moderne Mantelstromtriebwerke des Typs Garrett TFE731 und dadurch erheblich gesteigerte Flugleistungen. Nach einer weiteren Reorganisation der britischen Luftfahrtindustrie wurde die Hawker Siddeley Aviation 1977 ein Teil von British Aerospace. Dank ihrer idealen Größe und der guten Flugleistungen verkaufte sich die Baureihe 125 weltweit sehr gut, 1980 konnte die 500. Maschine ausgeliefert werden.

Im Mai 1983 begann die Flugerprobung mit der BAe 125-800 (Hawker 800), die erstmals mehrere externe Änderungen erhielt, darunter mehr Tragflügelspannweite, eine längere Auslaufkante des Seitenleitwerks und neugeformte, größere Windschutzscheiben. Ferner wurde bei dieser Variante die Triebwerkleistung und die Tankkapazität gesteigert und das Cockit erhielt erstmals Bildschirmanzeigen. Im Sommer 1993 verkaufte BAe die Produktionsrechte für der Hawker 800/1000 für 360 Millionen US-$ an die Raytheon Company in USA. 1995 entwickelte man bei Raytheon die erheblich leistungsgesteigerte Variante Hawker 800XP, mit modifizierten Triebwerken und einer Schubumkehranlage als Standard, ferner leistungsfähigere Systeme, die neueste Avionik und höhere Betriebsgewichte. Im Sommer 1998 lieferte Raytheon die 1000. Maschine aus der Baureihe BAe/Raytheon Hawker aus.

Abmessungen und technische Daten: Hawker 800XP

Spannweite:	15,66 m	Rüstmasse:	7.300 kg
Länge:	15,60 m	max. Startmasse:	12.700 kg
Höhe:	5,35 m	max. Landemasse:	10.590 kg
Flügelfläche:	34,75 m²	max. Nutzmasse:	1.100 kg
Preis ca. Mill. US-$:	12,0	Tankkapazität:	5.600 l

Reisegeschwindigkeit:	845 km/h
Landegeschwindigkeit:	220 km/h
Dienstgipfelhöhe:	12.500 m
Startstrecke über 15 m Höhe:	1.700 m
Einsatzreichweite mit max. Nutzmasse:	5.600 km
Reichweite mit vollen Tanks:	5.600 km
Treibstoffverbrauch im Reiseflug:	720 l/h

Triebwerkanlage:	2 Mantelstromtriebwerke AlliedSignal Garrett TFE731-5BR mit je 20,75 kN Standschub	
Kategorie:	Geschäftsreiseflugzeug für Mittel- und Langstrecken, Passagiere 8–11, Crew 2	
Hersteller:	Raytheon Aircraft, Werk Wichita, USA	
Erstflug:	26. Mai 1983	Gebaute Maschinen: 320
Foto:	Raytheon/Hawker 800XP	

RAYTHEON HAWKER 1000/HAWKER 4000 USA

Im Herbst 1989 kündigte British Aerospace unter der Typenbezeichnung BAe 1000, die größte Variante der Hawker-Baureihe an. Die Hawker 1000 entstand auf der Basis der Hawker 800, sie hat eine Rumpfstreckung um 0,85 m mit einem zusätzlichen Kabinenfenster auf jeder Seite, ferner einen verbesserten Tragflügel, eine verstärkte Zelle und größere Tanks.

Für den Antrieb wählte man den neuen Turbofan PW305B mit einem geringen Lärmpegel und sehr wirtschaftlichen Verbrauchsdaten. Die Kabine der Hawker 1000 wird gewöhnlich für 7 bis 9 Reisende ausgestattet, sie ist 7,9 m lang, 1,97 m breit und 1,65 m hoch. Im Dezember 1991 begann die Auslieferung der Hawker 1000 an die ersten Kunden und 1993 ging das Projekt zusammen mit der Hawker 800 an den neuen Eigentümer Raytheon in USA. Bis 1997 wurde die gesamte Produktion der Hawker von den Werken Hatfield und Chester in Großbritannien in das Werk Wichita im US-Bundesstaat Kansas verlegt. Das Werk Chester wird bis 1998 als Kundenzentrum für alle Business Jets von Raytheon für den europäischen Raum ausgebaut. Nach dem Bau von 57 Maschinen, endet 1998 die Produktion der Hawker 1000 zugunsten der in Entwicklung stehenden Hawker 4000 Horizon. Das Projekt Hawker 4000 Horizon wurde erstmals 1996 auf der NBAA in Orlando angekündigt. Obwohl das zukünftige Projekt starke Ähnlichkeit mit der Hawker 1000 aufweist, ist es doch ein ganz neuer Entwurf mit größeren Abmessungen. Der Rumpf der Horizon bekommt eine Struktur aus Verbundwerkstoffen, und der Tragflügel wird in herkömmlicher Ganzmetall-Bauweise hergestellt. Für die Produktion des Tragflügels der Horizon ist Mitsubishi Heavy Industries in Japan zuständig. Für den Antrieb steht das Triebwerk PW308A mit 29 kN Standschub zur Verfügung, und die Tankkapazität von rund 8000 l erlaubt der Horizon eine maximale Reichweite von 6200 km. Die 8,8 m lange Kabine bietet Platz für 9 bis 11 Reisende und hat etwa 60% mehr Volumen als bei der Hawker 1000. Mit der Flugerprobung der Horizon will man Ende 1999 beginnen, und 2001 soll der etwa 15 Millionen US-$ teure Jet lieferbereit sein.

Abmessungen und technische Daten: Hawker 1000

Spannweite:	15,66 m	Rüstmasse:	8.165 kg
Länge:	16,40 m	max. Startmasse:	14.062 kg
Höhe:	5,20 m	max. Landemasse:	11.340 kg
Flügelfläche:	34,75 m²	max. Nutzmasse:	1.044 kg
Preis ca. Mill. US-$:	14,0	Tankkapazität:	6.480 l

Reisegeschwindigkeit:	866 km/h
Landegeschwindigkeit:	220 km/h
Dienstgipfelhöhe:	13.100 m
Startstrecke über 15 m Höhe:	1.950 m
Einsatzreichweite mit max. Nutzmasse:	5.400 km
Reichweite mit vollen Tanks:	6.200 km
Treibstoffverbrauch im Reiseflug:	850 l/h

Triebwerkanlage:	2 Mantelstromtriebwerke Pratt & Whitney Canada PW305B mit je 23,13 kN Standschub	
Kategorie:	Geschäftsreiseflugzeug für Langstrecken, Passagiere 8–11, Crew 2	
Hersteller:	Raytheon Aircraft, Werk Wichita, USA	
Erstflug:	16. Juni 1990	Gebaute Maschinen: 57
Foto:	British Aerospace/Hawker 1000	

G-BUWX

RAYTHEON PREMIER I

USA

Zu den aktuellsten Geschäftsreisejets in der Basisklasse der 4 bis 6sitzigen Muster zählt der Premier I von der Raytheon Aircraft Company aus Wichita, Kansas. Das Muster wurde im September 1995 auf der NBAA Convention in Las Vegas erstmals angekündigt, und es ist gleichzeitig das erste Flugzeug, das von Raytheon Aircraft entwickelt und gebaut wird. Die wichtigsten Vorgaben für den Entwurf lauteten möglichst geringe Betriebskosten bei besseren Flugleistungen gegenüber den Konkurrenzmustern in der gleichen Kategorie. Die Rumpfstruktur der Premier I besteht aus nichtmetallischen Verbundmaterial, während der Tragflügel aus Metall hergestellt ist.

Das Tragflügelprofil der Premier I ist für eine optimale Reichweitenleistung gestaltet, und dank der leistungsfähigen Auftriebshilfen kann das Muster von Startpisten unter 1000 m Länge aus operieren. Für den Antrieb wählte man zwei Mini-Turbofans der Marke Williams/Rolls-Royce FJ 44-2A mit je 10,2 kN Standschub. Die errechneten Leistungsdaten der Premier I versprechen eine maximale Geschwindigkeit von etwa 850 km/h, eine maximale Reiseflughöhe von 12.500 m und knapp 2800 km Reichweite mit vier Passagieren.

Damit ist die Premier I ihren Konkurrenten teilweise erheblich überlegen. Ein weiteres Plus der Premier I ist das überdurchschnittliche Raumangebot in der Kabine, die 4,1 m lang, 1,6 m hoch und 1,6 m breit ist, bei einem Volumen von 11,25 m³. Die Cockpitausstattung besteht aus dem fortschrittlichen Avionikset Collins Pro Line 21 mit drei Bildschirmanzeigen. Der Prototyp der Premier I begann im Herbst 1998 mit seiner Flugerprobung, die Musterzulassung will man innerhalb eines Jahres erreichen. Für das neue Muster lagen bis Ende 1998 etwa 120 feste Bestellungen vor, der Basispreis betrug zu dieser Zeit 3,9 Millionen US-$.

Das direkte Konkurrenzmuster zur Premier I ist der von Cessna gebaute CitationJet, der schon seit zwei Jahren auf dem Markt ist.

Abmessungen und technische Daten: Permier I

Spannweite:	13,55 m	Rüstmasse:	3.000 kg
Länge:	13,80 m	max. Startmasse:	4.800 kg
Höhe:	4,67 m	max. Landemasse:	4.400 kg
Flügelfläche:	21,50 m²	max. Nutzmasse:	625 kg
Preis ca. Mill. US-$:	3,9	Tankkapazität:	2.100 l

Reisegeschwindigkeit:	825 km/h
Landegeschwindigkeit:	200 km/h
Dienstgipfelhöhe:	12.500 m
Startstrecke über 15 m Höhe:	1.000 m
Einsatzreichweite mit max. Nutzmasse:	2.100 km
Reichweite mit vollen Tanks:	2.790 km
Treibstoffverbrauch im Reiseflug:	420 l/h

Triebwerkanlage:	2 Mantelstromtriebwerke Williams/Rolls-Royce FJ44-2A mit je 10,22 kN Standschub	
Kategorie:	Geschäftsreiseflugzeug für Kurz- und Mittelstrecken, Passagiere 4–6, Crew 2/0	
Hersteller:	Raytheon Aircraft Company, Werk Wichita, USA	
Erstflug:	Oktober 1998	Gebaute Maschinen: 2
Foto:	Raytheon/Prototyp Premier I	

N390R

SINO-SWEARINGEN SJ30-2

Zu den Flugzeugen mit der längsten Entwicklungsgeschichte zählt der kleine Business Jet SJ30, dessen Entwicklung 1986 begann und der voraussichtlich im Jahr 2000 zur Auslieferung kommt. Das Projekt SA-30 Fanjet wurde 1986 von der Swearingen Aviation angekündigt, und sein Schöpfer ist der Konstrukteur und Firmeninhaber Ed Swearingen. Als Projektpartner konnte Swearingen die Firma Gulfstream Aerospace und die Triebwerkfirma Williams International gewinnen. Im Herbst 1989 trennte sich jedoch Gulfstream Aerospace wieder von dem Projekt und Swearingen fand 1991 in dem reichen texanischen Geschäftsmann Doug Jaffe einen neuen Partner, der den Bau des Prototypen finanzierte, die neue Projektbezeichnung lautete Swearingen-Jaffe SJ30.
Am 13. Februar 1991 unternahm der Prototyp in San Antonio seinen Erstflug. 1995 fand man mit der Sino Aerospace of Taiwan den gewünschten Finanz- und Projektpartner für die Flugerprobung und die Serienproduktion der SJ30, zu diesem Zweck wurde 1995 die Joint-venture-Firma Sino-Swearingen gegründet.
Von Sino Aerospace werden der Rumpf und die Tragflächen der SJ30 produziert, während Swearingen außer dem Antrieb die restlichen Teile baut und die Endmontage übernimmt.
1996 wurde der Prototyp der SJ30 mit einem größeren Tragflügel versehen, ferner bekam der Rumpf eine Streckung um 1,3 m, die Triebwerkleistung erhielt eine Steigerung auf 10,2 kN, und die Startmasse stieg von 4,7 t auf 6,0 t. Mit der neuen Typenbezeichnung SJ30-2, wurde am 8. November 1996 die Flugerprobung fortgesetzt. Mit der Musterzulassung wird für 1999 gerechnet, und im Jahr 2000 sollen die Auslieferungen beginnen. Für das Muster liegen etwa 50 Bestellungen vor; es muß sich den Markt mit den Konkurrenten Cessna CitationJet und Raytheon Premier I teilen.
Ab der 5. Maschine wird die Produktion der SJ30-2 im neuen Werk Martinsburg West Virginia stattfinden.

Abmessungen und technische Daten:

Spannweite:	12,90 m	Rüstmasse:	3.640 kg
Länge:	14,35 m	max. Startmasse:	5.988 kg
Höhe:	4,34 m	max. Landemasse:	5.303 kg
Flügelfläche:	17,20 m^2	max. Nutzmasse:	550 kg
Preis ca. Mill. US-$:	4,0	Tankkapazität:	2.700 l

Reisegeschwindigkeit:	845 km/h
Landegeschwindigkeit:	200 km/h
Dienstgipfelhöhe:	14.900 m
Startstrecke über 15 m Höhe:	1.300 m
Einsatzreichweite mit max. Nutzmasse:	3.900 km
Reichweite mit vollen Tanks:	4.600 km
Treibstoffverbrauch im Reiseflug:	500 l/h

Triebwerkanlage:	2 Mantelstromtriebwerke Williams FJ44-2C mit je 10,25 kN Standschub	
Kategorie:	Geschäftsreiseflugzeug für Kurz- und Mittelstrecken, Passagiere 4–6, Crew 1–2	
Hersteller:	Swearingen Aviation/USA und Sino Aerospace/Taiwan	
Erstflug:	13. Februar 1991	Gebaute Maschinen: 3
Foto:	Swearingen/SJ30-2	

N30SJ

VISIONAIRE VA-10 VANTAGE

USA

Die Vantage der US-Firma VisionAire ist der erste Business Jet, der ganz aus Verbundwerkstoffen hergestellt ist. Das Muster wird nur durch ein Mantelstromtriebwerk mit 12,9 kN Standschub angetrieben und eine interessante Konstruktionslösung sind die beiden Lufteinläße für das Triebwerk über dem Rumpf. Mit den Projektstudien für die Vantage wurde 1993 begonnen und die Firma Scaled Composites Inc. in Montrose, Colorado baute den ersten Prototyp, der am 16. November 1996 in Mojave, Kalifornien mit den Flugtests begann. Wenn alles nach Projektplan verläuft, wird Ende 1999 mit der Auslieferung der Vantage an die Kunden beginnen. Für die Serienproduktion wurde in Ames, Iowa eine 9000 m² große Produktionshalle gebaut, die 100 Einheiten pro Jahr fertigen kann. Für die Vantage liegen etwa 120 feste Bestellungen vor, der Listenpreis beträgt 1,9 Millionen US-$. Die Vantage repräsentiert eine neue Klasse von Geschäftsreisejets mit 4–5 Passagiersitzen und sie ist für den Betrieb mit nur einem Piloten zugelassen.
Mit Pilot und 4 Reisenden hat die Vantage etwa 2100 km Reichweite, mit 2 Reisenden etwa 2600 km.

Abmessungen und technische Daten:

Spannweite:	14,47 m	Rüstmasse:	2.150 kg
Länge:	12,45 m	max. Startmasse:	3.538 kg
Höhe:	4,25 m	max. Landemasse:	3.175 kg
Flügelfläche:	21,50 m²	max. Nutzmasse:	588 kg
Preis ca. Mill. US-$:	1,9	Tankkapazität:	1.350 l

Reisegeschwindigkeit:	650 km/h
Landegeschwindigkeit:	175 km/h
Dienstgipfelhöhe:	12.500 m
Startstrecke über 15 m Höhe:	1.100 m
Einsatzreichweite mit max. Nutzmasse:	1.800 km
Reichweite mit vollen Tanks:	2.900 km
Treibstoffverbrauch im Reiseflug:	310 l/h

Triebwerkanlage:	1 Mantelstromtriebwerk Pratt & Whitney JT15D-5 mit 12,9 kN Standschub	
Kategorie:	Geschäftsreiseflugzeug für Kurzstrecken, Passagiere 4–5, Crew 1	
Hersteller:	VisionAire, Werk Ames, USA	
Erstflug:	16. November 1996	Gebaute Maschinen: 3
Foto:	VisionAire/Vantage	

NATIONALITÄTS-KENNZEICHEN DER ZIVILFLUGZEUGE

in alpha-numerischer Reihenfolge

AP	Pakistan
A2	Botswana
A3	Tonga
A40	Oman
A5	Bhutan
A6	Vereinigte Arabische Emirate
A7	Qatar
A9C	Bahrain
B	China
C, CF	Kanada
CC	Chile
CN	Marokko
CP	Bolivien
CR, CS	Portugal
CU	Kuba
CX	Uruguay
C2	Nauru
C5	Gambia
C6	Bahamas
C9	Mozambique
D	Deutschland
DQ	Fiji
D2	Angola
D4	Kapverdische Inseln
EC	Spanien
EI, EJ	Irland
EK	Armenien
EL	Liberia
EP	Islamische Republik Iran
ER	Republik Moldavien
ES	Estonien
ET	Äthiopien
EW	Weißrussland
EX	Kyrgyzstan
EY	Tajikistan
EZ	Turkmenistan
E3	Eritrea
F	Frankreich
G	Großbritannien
HA	Ungarn
HB	Schweiz und Liechtenstein
HC	Ecuador
HH	Haiti
HI	Dominikanische Republik
HK	Kolumbien
HL	Republik Korea
HP	Panama
HR	Honduras
HS	Thailand
HZ	Saudi-Arabien
H4	Salomon Inseln
I	Italien
JA	Japan
JU	Mongolei
JY	Jordanien
J2	Djibouti
J3	Grenada
J5	Guinea-Bissau
J6	Saint Lucia
J7	Dominica
J8	Saint Vincent und die Grenadins
LN	Norwegen
LQ, LV	Argentinien
LX	Luxemburg
LY	Litauen
LZ	Bulgarien
N	USA
OB	Peru
OD	Libanon
OE	Österreich
OH	Finnland
OK	Tschechische Republik
OM	Slowakische Republik
OO	Belgien
OY	Dänemark
P	Nord-Korea
PH	Niederlande
PJ	Niederländische Antillen

PK	Indonesien
PP, PR, PT, PU	Brasilien
PZ	Suriname
P2	Papua Neu Guinea
P4	Aruba
RA	Russische Federation
RDPL	Republik Laos
RP	Philippinen
SE	Schweden
SP	Polen
ST	Sudan
SU	Ägypten
SX	Griechenland
S2	Bangladesch
S5	Slovenien
S7	Seychellen
S9	São Tomé und Príncipe
TC	Türkei
TF	Island
TG	Guatemala
TI	Costa Rica
TJ	Kamerun
TL	Zentralafrikanische Republik
TN	Kongo
TR	Gabun
TS	Tunesien
TT	Tschad
TU	Elfenbeinküste
TY	Benin
TZ	Mali
T7	San Marino
T9	Bosnien und Herzegovina
UK	Uzbekistan
UN	Kazachstan
UK	Ukraine
VH	Australien
VP-A	Anguilla
VP-B	Bermuda
VP-C	Cayman Inseln
VP-F	Falkland Inseln (Malvinas)
VP-G	Gibraltar
VP-L	Virgin Islands
VP-M	Montserrat
VQ-H	St. Helena und Ascension
VQ-T	Turks und Caicos
VT	Indien
V2	Antigua und Barbuda
V3	Belize
V4	Saint Kitts und Nevis
V5	Namibia
V6	Mikronesien
V7	Marschall Inseln
V8	Brunei Darussalam
XA, XB, XC	Mexico
XT	Burkina Faso
XU	Kambodscha
XV	Vietnam
XY, XZ	Myanmar
YA	Afghanistan
YI	Irak
YJ	Vanuatu
YK	Syrien
YL	Litauen
YN	Nicaragua
YR	Rumänien
YS	El Salvador
YU	Jugoslawien
YV	Venezuela
Z	Zimbabwe
ZK, ZL, ZM	Neuseeland
ZP	Paraguay
ZS, ZT, ZU	Südafrika
Z3	Mazedonien
3A	Monaco
3B	Mauritius
3C	Äquatorial Guinea
3D	Swaziland
3X	Guinea

4K	Azerbayjan	7P	Lesotho
4L	Georgien	7QY	Malawi
4R	Sri Lanka	7T	Algerien
4X	Israel	8P	Barbados
5A	Libyen	8Q	Malediven
5B	Zypern	8R	Guyana
5H	Republik Tanzania	9A	Kroatien
5N	Nigeria	9G	Ghana
5R	Madagaskar	9H	Malta
5T	Mauretanien	9J	Zambia
5U	Niger	9K	Kuwait
5V	Togo	9L	Sierra Leone
5W	Samoa	9M	Malaysia
5X	Uganda	9N	Nepal
5Y	Kenia	9Q	Republik Congo
6O	Somalia	9U	Burundi
6V, 6W	Senegal	9V	Singapur
6Y	Jamaica	9XR	Ruanda
7O	Jemen	9Y	Trinidad und Tobago

Die Länder Albanien, die Komoren, die Cook Inseln, Kiribati und Tuvalu haben bis 1999 bei der ICAO keine Nationalitäts-Kennzeichen für Zivilflugzeuge beantragt.

Am 4. Februar 1920 starteten die beiden Piloten Pierre van Rynevelt und Quintin Brand in Brooklands/Großbritannien zu einem Abenteuer- und Rekordflug nach Kapstadt in Südafrika.
Der Flug wurde mit dem großen Doppeldecker Vicker Vimy „Silver Queen" durchgeführt, die 13.555 km lange Reise führte über 14 Länder, es waren 11 Tankstops notwendig und nach 45 Tagen kamen die beiden Piloten in Kapstadt an. Die Reise mußte mit einem Ersatzflugzeug beendet werden, denn die Silver Queen ging unterwegs zu Bruch. 78 Jahre später folgen die Piloten Peter McMillan und Mark Rebholz mit einer Replica der Vicker Vimy den historischen Spuren der Silver Queen und landen im November 1998 in Kapstadt. Der Start fand am 1. Oktober 1998 von den alten Vickers-Hallen in Brooklands statt und der erste Zwischenstop war in Oberschleißheim bei München. Der Antrieb der Silver Queen Replica besteht aus 2 BMW Automotoren mit je 257 kW (350 PS) Startleistung, denn die Originaltriebwerke sind schon lange nicht mehr erhältlich. Die Zwölfzylinder-V-Motoren stammen von der BMW 7er-Reihe und sie mußten für die Verwendung als Flugmotoren mit einer neuen Mechanik sowie Elektronik ausgerüstet werden. Die Ur-Vimy wurde als Kampfflugzeug für den 1. Weltkrieg entwickelt, für den sie aber zu spät kam. Ab 1919 unternahm das Muster zahlreiche Langstreckenflüge, darunter auch von England nach Australien. In den 20er Jahren modifizierte man das Muster mit 9 Passagiersitzen und es kam als Passagierflugzeug von London nach Paris, bzw. Brüssel zum Einsatz. Der US-Börsenmakler und passionierte Flieger Peter McMillan ließ in den 90er Jahren für drei Millionen DM einen Nachbau der Vimy anfertigen, der sich bis auf den Antrieb kaum von dem Original unterscheidet. Der attraktive Oldtimer hat 20,75 m Spannweite, 5,7 t Startmasse und er bewegt sich mit 170 km/h. Die Vierblatt-Luftschrauben haben 3,2 m Durchmesser und sie sind aus Eschenholz gefertigt. Bei einem Tankvorrat von 2560 l, hat die Silver Queen etwa 4200 km Reichweite.
Moderne Jetliner bewältigen heute die Routen zwischen Großbritannien und Südafrika in etwa 12–13 Stunden.

Foto: BMW AG

CESSNA 680 SOVEREIGN

Anläßlich der 51. NBAA – National Business Aviation Association Convention, am 18. Oktober 1998 in Las Vegas/Nevada, gab Cessna die Entwicklung des neuen Geschäftsreisejets Model 680 Sovereign bekannt. Die Sovereign wird mit acht Passagieren etwa 4600 km Reichweite besitzen, genug für Nonstopverbindungen zwischen der Ost- und Westküste der USA. Ferner offeriert Cessna mit dem neuen Midsize-Muster eine besonders geräumige Kabine für bis zu zehn Reisende, ferner gute Start- und Landeeigenschaften auf kleineren Airports sowie die traditionell günstigen Betriebskosten der Marke Citation. Für den Antrieb der Sovereign wählte man zwei Turbofans der Marke Pratt & Whitney PW306C mit je 25,3 kN Standschub. Die Sovereign wird 19,24 m Tragflügelspannweite besitzen, ferner 18,6 m Länge und 5,85 m Höhe. Betriebsgewichte hat man nocht nicht veröffentlicht. Mit der Auslieferung will man Ende 2002 beginnen und der Listenpreis der Sovereign wird mit zwölf Millionen US-$ angegeben.
Bei der Präsentation in Las Vegas, lagen für das Muster bereits 79 feste Bestellungen vor.

Foto: Cessna

Angegebene Flugleistungen:

Max. Reisegeschwindigkeit:	822 km/h
Max. Reiseflughöhe:	14.300 m
Steigleistung:	13.100 m in 26 Minuten
Startbahnlänge:	1.220 m
Max. Reichweite:	5.000 km

CESSNA CITATIONJET CJ2

Ebenfalls auf der NBAA 1998 in Las Vegas, kündigte Cessna unter der Typenbezeichnung Citation CJ2 eine vergrößerte Ausführung aus dem bereits 300 mal verkauften Basismuster CitationJet an. Gegenüber der Basisvariante, bekommt die CJ2 eine Streckung des Rumpfhecks um 43,5 cm und durch eine neugestaltete Kabinenauslegung mit 89 cm mehr Länge ergibt sich für die Kabine der CJ2 eine zusätzliche Länge von 1,33 m. Zusätzlich erhält die CJ2 91 cm mehr Tragflügelspannweite, ein größeres Höhenleitwerk und stärkere Turbofans FJ44-2C mit je 10,22 kN Standschub. Für das Cockpit ist das Avionikset Collins Pro Line 21 vorgesehen.

Die Kabine der CJ2 bietet maximal acht Reisenden Platz, Standard werden aber vier bis sechs Sitze sein, mit drei Reisenden beträgt die Reichweite 2680 km. Bei der Vorstellung des Programms in Las Vegas, lagen für die CJ2 bereits 76 feste Bestellungen vor, bei einem Stückpreis von 4,3 Millionen US-$; die Auslieferungen sollen im Sommer 2001 beginnen. Die errechneten Leistungen: maximale Startmasse 5579 kg, maximale Reisegeschwindigkeit 741 km/h, maximale Reiseflughöhe 13.700 m und die Startbahnlänge 1050 m. Für das Jahr 2000 hat Cessna ferner die Variante CJ1 angekündigt, es ist eine leicht verstärkte Ausführung (91 kg mehr Startmasse) aus der CitationJet mit einer Reihe von internen Detailverbesserungen.

Die Varianten CJ1 und CJ2 entstanden nach umfangreichen Marktanalysen, die ergaben, daß auch die Kunden in der unteren Kategorie der Business Jets höhere Flugleistungen verlangen, verbunden mit einer aufgewerteten Avionik.

Foto: Cessna

CESSNA CITATION CJ1

In der ersten Hälfte des Jahres 2000 wird Cessna mit der Auslieferung der aufgewerteten Ausführung CJ1 vom erfolgreichen CitationJet beginnen, Listenpreis 3,5 Millionen US-$. Die CJ1 ersetzt die Basisversion in der Produktion, und sie beinhaltet eine ganze Reihe von Detailverbesserungen. Foto: Cessna/CitationJet CJ1

AIR LITTORAL

Inhaltsverzeichnis